"1+X"建筑工程识图
职业技能等级考试（初级）辅导用书

建筑工程识图与绘图

尹 伟 任鲁宁 张天舒 • 主编

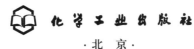
化学工业出版社

·北京·

内 容 简 介

本书以"1+X"建筑工程识图职业技能等级考试（初级）真题为依托，展开讲解等级考试中的考试内容和答题技巧，具有很强的实践操作性。

全书分为四个部分，主要内容为："1+X"建筑工程识图职业技能等级考试（初级）说明、识图卷、绘图卷以及考试模拟题。

本书提供有 CAD 实践操作的视频资源，可通过扫描二维码获取。

本书可供高等职业院校建筑工程类相关专业学生使用，也可作为建筑企业人员培训教材。

图书在版编目（CIP）数据

建筑工程识图与绘图/尹伟，任鲁宁，张天舒主编. —北京：化学工业出版社，2022.6
ISBN 978-7-122-41095-5

Ⅰ.①建… Ⅱ.①尹…②任…③张… Ⅲ.①建筑制图-识图-高等职业教育-教材 Ⅳ.①TU204.21

中国版本图书馆 CIP 数据核字（2022）第 052137 号

责任编辑：李仙华　　　　　　　　　　　　　文字编辑：徐照阳　王　硕
责任校对：边　涛　　　　　　　　　　　　　装帧设计：史利平

出版发行：化学工业出版社（北京市东城区青年湖南街 13 号　邮政编码 100011）
印　　装：三河市延风印装有限公司
787mm×1092mm　1/16　印张 8¾　字数 216 千字　2022 年 11 月北京第 1 版第 1 次印刷

购书咨询：010-64518888　　　　　　　　　售后服务：010-64518899
网　　址：http://www.cip.com.cn
凡购买本书，如有缺损质量问题，本社销售中心负责调换。

定　　价：32.00 元

前言

2019 年 4 月，教育部、国家发展改革委、财政部、市场监管总局联合印发了《关于在院校实施"学历证书+ 若干职业技能等级证书"制度试点方案》，部署启动"学历证书+若干职业技能等级证书"（简称 1+X 证书）制度试点工作。试点工作鼓励院校学生和社会人群在获得学历证书的同时，积极取得多类职业技能等级证书，拓展就业创业本领，缓解结构性就业矛盾。

在这样的大背景下，"1+X"建筑工程识图职业技能等级考试（初级）启动，辽宁城市建设职业技术学院作为辽宁省的重点建筑类院校，已经多次成功举办"1+X"建筑工程识图职业技能等级考试（初级），主编尹伟和任鲁宁也已经考取"1+X"建筑工程识图职业技能等级考试（初级）和（中级）的证书。

由于"1+X"建筑工程识图职业技能等级考试（初级）才启动两年多，目前市面上并没有相关配套的教材，参考人员应考时无从下手。为便于参考人员学习、备考，我们编写了本书。本书以"1+X"建筑工程识图职业技能等级考试（初级）真题为依托，展开讲解考试内容和答题技巧，具有很强的实践操作性。按照本书学习专业知识，进行实践操作训练，有助于考生考取初级证书。

本书具有如下主要特点：

（1）注重研究"1+X"建筑工程识图职业技能等级考试（初级）历年真题，在真题的基础上对考试范围和内容进行展开讲解，理论和实践相结合。

（2）突出考试的实践操作性。本书的绘图卷以施工现场实际图纸为例，结合考试要求，讲解 CAD 绘制过程，答题技巧明朗。

（3）将 CAD 实践操作的视频制作成二维码，添加在书中相关知识旁边，通过手机就能轻松学习更多专业知识。

本书由辽宁城市建设职业技术学院与广州中望龙腾软件股份有限公司合作编写，编写团队具有多年的 CAD 实操经验和"1+X"建筑工程识图职业技能等级考试（初级）培训经验。

本书由辽宁城市建设职业技术学院尹伟、任鲁宁和张天舒担任主编，由沈阳建筑大学孙建波、中建电力建设有限公司王道永担任副主编，大连理工大学城市学院李一婷参编。辽宁城市建设职业技术学院吴佼佼对本书进行了审阅，尹伟负责组织编写及全书整体统稿工作。

本书在编写过程中，查阅并参考了大量的技术资料和相关图书，在此向这些资料的作者致以衷心的感谢！

本书配套了教学课件，读者可登录 www.cipedu.com.cn 免费获取。由于编者水平有限，加之时间仓促，书中难免存在不妥之处，敬请广大读者批评指正。

编　者
2022 年 2 月

目录

3　考试模拟题

参考文献

附图

资源目录

0 绪论 "1+X"建筑工程识图职业技能等级考试（初级）说明

近年来，随着"学历证书＋若干职业技能等级证书"（简称1+X证书）制度试点工作的推进，企业对于毕业生或者社会就职人员的实操经验要求越来越高，使得学校对1+X证书考试相关内容的教学变得更加重要，通过率和高分率成为体现一个学校师资力量的指标。

本书识图卷结合历年真题考试范围和重点，主要介绍了房屋建筑制图统一标准，从图纸幅面规格与图纸编排顺序、图线、字体、比例、符号、定位轴线、常用建筑材料图例和尺寸标注8个方面详细讲解，并且以施工现场一套实际施工图纸为例，对识图过程和要点进行了归纳，对于初学者尤为有益。

本书绘图卷概括了历年真题主要内容，从绘图环境及打印设置、三面投影绘制、轴测图绘制以及施工图绘制4个方面进行了详解，有益于提升学习者的操作技能和答题技巧。

本书不仅适用于想要考取"1+X"建筑工程识图职业技能等级考试（初级）证书的考生，而且可以作为高等职业、高等专科院校工程造价、建设工程管理、建设工程监理等建设工程管理类与土建施工类专业学生学习的参考书，还可以作为工程监理单位、建设单位、施工单位、勘察设计单位和政府各级建设主管部门有关人员的培训教材。

"1+X"建筑工程识图职业技能等级考试（初级），试卷总分100分，60分及以上为合格，可在考试合格后领取相关证书。考试内容分为两大部分：识图卷和绘图卷。下面详细介绍一下考试内容及分值分布。

一、识图卷（满分60分）

识读提供的施工图，登录答题系统，完成选择题。包括：①单项选择题，45道题，每题1分，共45分；②多项选择题，5道题，每题3分，共15分，多选、选错不给分，漏选得1分。

识图卷主要考查《房屋建筑制图统一标准》（GB/T 50001—2017）基础知识，考生应能熟练识读所提供的施工图。

二、绘图卷（满分40分）

绘图卷使用的是中望CAD软件，要求能熟练进行软件设置，熟练绘制图形。

① 任务一：绘图环境及打印设置（7分）。主要考试内容为设置绘图空间图形界限，设置绘图环境参数，设置图层、文字样式、标注样式，打印设置，模型空间、布局空间参数

设置。

② 任务二：三面投影绘制（5分）。主要考试内容为抄绘所给图样的主视图和左视图，补充绘制图样的俯视图（含虚线）。

③ 任务三：轴测图绘制（5分）。主要考试内容为根据给定组合体的三面投影图完成组合体正等轴测图的绘制。

④ 任务四：施工图绘制（20分）。主要考试内容为抄绘"一层平面图"中的所有内容。

⑤ 任务五：出图打印（3分）。主要考试内容为虚拟打印，输出为pdf格式。

识图卷

本章重点：《房屋建筑制图统一标准》和施工图识图要点。掌握重点内容后，能够完成考试中 60 分值的选择题。

1.1 房屋建筑制图统一标准

1.1.1 图纸幅面规格与图纸编排顺序

图纸幅面是按照图纸宽度与长度组成的图纸大小，绘制图样时根据图样的规格和需要采用表 1-1 中规定的图纸基本幅面尺寸，基本幅面有 A0、A1、A2、A3、A4 五种。

表 1-1　幅面及图框尺寸　　　　　　　　　　　　　　　　　　　　　单位：mm

尺寸代号	幅面代号				
	A0	A1	A2	A3	A4
$b \times l$	841×1189	594×841	420×594	297×420	210×297
c	10			5	
a	25				

注：表中 b 为幅面短边尺寸，l 为幅面长边尺寸，c 为图框线与幅面线间宽度，a 为图框线与装订边间宽度。

图纸以短边作为垂直边时为横式，如图 1-1 所示；图纸以短边作为水平边时为立式，如图 1-2 所示。A0～A3 图纸宜横式使用，必要时也可立式使用。

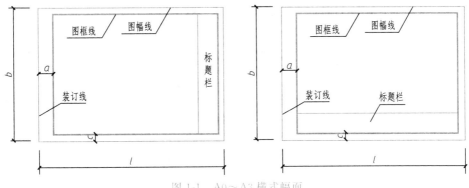

图 1-1　A0～A3 横式幅面

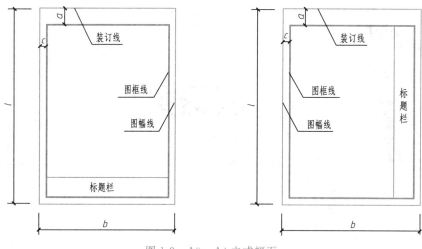

图 1-2　A0～A4 立式幅面

工程图纸应按专业顺序,即图纸目录、设计说明、总图、建筑图、结构图、给水排水图、暖通图、电气图等编排。各专业的图纸,应按图纸内容的主次关系、逻辑关系进行分类,做到有序排列。

1.1.2　图线

绘图中应根据比例大小选择合适的线宽组。线宽组的基本线宽 b,宜按照图纸比例及图纸性质从 1.4mm、1.0mm、0.7mm、0.5mm 线宽系列中选取。线宽组包括 b、$0.7b$、$0.5b$、$0.25b$,同一张图纸内,相同比例的各图样应选用相同的线宽组,常用线宽组见表 1-2。

表 1-2　线宽组　　　　　　　　　　　　　　　　　　　　　　　　　　　　　单位:mm

线宽比	线宽组			
b	1.4	1.0	0.7	0.5
$0.7b$	1.0	0.7	0.5	0.35
$0.5b$	0.7	0.5	0.35	0.25
$0.25b$	0.35	0.25	0.18	0.13

注:1. 需要微缩的图纸,不宜采用 0.18mm 及更细的线宽。

2. 同一张图纸内,各不同线宽中的细线,可统一采用较细的线宽组的细线。

建筑工程中,常用图线的名称、线型、线宽和一般用途见表 1-3。

表 1-3　图线

名称		线型	线宽	一般用途
实线	粗	——————	b	主要可见轮廓线: 1. 平、剖面图中被剖切的主要建筑构造(包括构配件)的轮廓线; 2. 建筑立面图或室内立面图的外轮廓线; 3. 结构图中的钢筋线; 4. 平、立、剖面图的剖切符号; 5. 总平面图中新建建筑物的可见轮廓线

名称		线型	线宽	一般用途
实线	中粗	——————	0.7b	可见轮廓线： 1. 平、剖面图中被剖切的次要建筑构造（包括构配件）的轮廓线； 2. 建筑构配件详图中的一般轮廓线
	中	——————	0.5b	1. 可见轮廓线、尺寸线、变更云线； 2. 新建构筑物、道路、围墙的可见轮廓线； 3. 结构平面图中可见墙身轮廓线； 4. 尺寸起止符号
	细	——————	0.25b	1. 总平面图中原有建筑物及道路的可见轮廓线； 2. 图例线、家具线、索引符号、尺寸线、尺寸界线、引出线、标高符号、较小图形的中心线等
虚线	粗	— — — — —	b	1. 新建地下建筑物、构筑物的不可见轮廓线； 2. 结构平面图中不可见的单线结构构件线
	中粗	- - - - - -	0.7b	1. 不可见轮廓线； 2. 结构平面图中不可见构件、墙身轮廓线
	中	- - - - -	0.5b	1. 建筑构配件不可见轮廓线； 2. 总平面图计划扩建的建筑物、构筑物轮廓线； 3. 图例线
	细	- - - - -	0.25b	1. 图例填充线、家具线； 2. 总平面图中原有建筑物、构筑物、管线的不可见轮廓线
单点长画线	粗	—·—·—·—	b	起重机（吊车）轨道线、柱间支撑
	中	—·—·—·—	0.5b	土方填挖区的零点线
	细	—·—·—·—	0.25b	中心线、对称线、轴线
双点长画线	粗	—··—··—	b	1. 预应力钢筋线； 2. 总平面图用地红线
	中	—··—··—	0.5b	1. 假想轮廓线、成型前原始轮廓线； 2. 原有结构轮廓线
	细	—··—··—	0.25b	假想轮廓线、成型前原始轮廓线
折断线	细	——/\——	0.25b	部分省略表示时的断开界线
波浪线	细	～～～～	0.25b	1. 部分省略表示时的断开界线； 2. 曲线形构件断开界线； 3. 构造层次的断开界线

建筑平面图中图线选用示例见图 1-3。

在 CAD 绘图中，一般在图层设置中根据绘图内容设置不同样式的图层。

另外关于图线，还有如下规定：

① 相互平行的图例线，其净间隙或线中间隙不宜小于 0.2mm。

② 虚线、单点长画线或双点长画线的线段长度和间隔，宜各自相等。

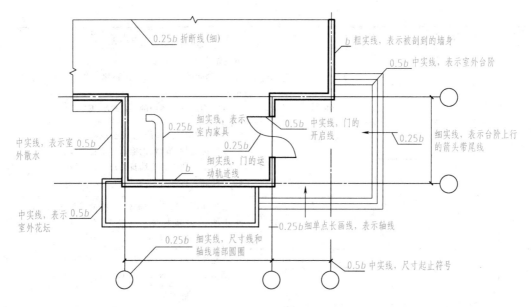

图 1-3　平面图线选用示例

③ 单点长画线或双点长画线，当在较小图形中绘制有困难时，可用实线代替。

④ 单点长画线或双点长画线的两端，不应采用点。点画线与点画线交接或点画线与其他图线交接时，应采用线段交接。

⑤ 虚线与虚线交接或虚线与其他图线交接时，应采用线段交接。虚线为实线的延长线时，不得与实线相接。

⑥ 图线不得与文字、数字或符号重叠、混淆，不可避免时，应首先保证文字的清晰。

1.1.3　字体

图纸上常用的文字有汉字、阿拉伯数字、拉丁字母和特殊符号，有时也用罗马数字和希腊字母。图纸上书写的文字、数字或符号等，均应笔画清晰、字体端正、排列整齐；标点符号应清楚正确。

文字的字高应从表 1-4 中选用。字高大于 10mm 的文字宜采用 True type 字体，如需书写更大的字，高度按 $\sqrt{2}$ 的倍数递增。

表 1-4　文字的字高　　　　　　　　　　　　　　　　　　　　　　　　单位：mm

字体种类	汉字矢量字体	True type 字体及非汉字矢量字体
字高	3.5、5、7、10、14、20	3、4、6、8、10、14、20

图样及说明中的汉字，宜优先采用 True type 字体中的宋体字型，采用矢量字体时应为长仿宋体字型，同一图纸字体种类不应超过两种。矢量字体的宽高比宜为 0.7，且应符合表 1-5 的规定，打印线宽宜为 0.25～0.35mm；True type 字体宽高比宜为 1。

另外关于字体，还有如下规定：

① 字母及数字，当需写成斜体字时，其倾斜角度应是从字的底线逆时针向上倾斜 75°，在文字样式中设置倾斜角度为 15°。斜体字的高度和宽度应与相应的直体字相等。

表 1-5　长仿宋体字高与字宽关系　　　　　　　　　　　　　　　　　　　　　　　　　　　　　　　　　　单位：mm

字高	3.5	5	7	10	14	20
字宽	2.5	3.5	5	7	10	14

② 拉丁字母、阿拉伯数字与罗马数字宜优先采用 Roman 字型，字高不应小于 2.5mm。

③ 数量的数值注写，应采用正体阿拉伯数字。各种计量单位凡前面有量值的，均应采用国家颁布的单位符号注写。单位符号应采用正体字母。

④ 分数、百分数和比例数的注写，应采用阿拉伯数字和数字符号。

⑤ 当注写的数字小于 1 时，应写出个位的"0"，小数点应采用圆点，齐基准线书写。

⑥ 在 CAD 绘图中一般应在文字样式中新建样式，设置字体的特性。

1.1.4　比例

图样的比例应为图形与实物相对应的线性尺寸之比。比例的符号为"："，比例应以阿拉伯数字表示。比例宜注写在图名的右侧，字的基准线应取平，比例的字高宜比图名的字高小一号或二号（图 1-4），具体比例类型见表 1-6。

图 1-4　比例的注写

表 1-6　建筑施工图的比例

图名	比例
建筑物或构筑物的平面图、立面图、剖面图	1∶50、1∶100、1∶150、1∶200、1∶300
建筑物或构筑物的局部放大图	1∶10、1∶20、1∶25、1∶30、1∶50
配件及构造详图	1∶1、1∶2、1∶5、1∶10、1∶15、1∶20、1∶25、1∶30、1∶50

在 CAD 绘图中，建筑构件按照 1∶1 画图，而尺寸标注、文字标注、标高标注等内容按比例的数值放大，这样在正常的图幅上能够按照比例要求出图。例如在绘图时将文字高度设为 500mm，按照 1∶100 的比例打印出图时即可得到制图标准中要求的 5mm 高的文字。

1.1.5　符号

1.1.5.1　剖切符号

建筑施工图中剖面图的剖切符号应标注在 ±0.000 标高的平面图或首层平面图上。剖面图的剖切符号由剖切位置线和剖视方向线组成，均应以粗实线绘制，线宽宜为 b。剖切位置线长度宜为 6~10mm，剖视方向线垂直于剖切位置线，长度应短于剖切位置线，宜为 4~6mm，剖视剖切符号不应与其他图线相接触。每个剖切位置都要进行编号，剖视剖切符号的编号宜采用阿拉伯数字，按剖切顺序由左至右、由下向上连续编排，并注写在剖视方向线的端部。需要转折的剖切位置线，应在转角的外侧加注与该符号相同的编号。剖切编号的数字一律水平书写。剖面图的剖切符号见图 1-5。

断面图的剖切符号只用剖切位置表示，长度宜为 6~10mm。断面剖切符号的编号宜采用阿拉伯数字，按顺序连续编排，并应注写在剖切位置线的一侧，编号所在一侧为该断面的剖视方向，见图1-6。

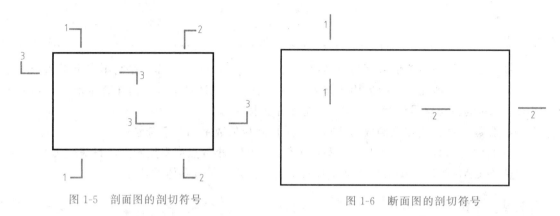

图 1-5 剖面图的剖切符号   图 1-6 断面图的剖切符号

1.1.5.2 索引符号与详图符号

（1）索引符号

图样中的某一局部或构件，如果需另见详图，应以索引符号索引。索引符号由直径为 8~10mm 的圆和水平直径组成，圆及水平直径线宽宜为 $0.25b$，见图1-7（a）。索引符号应按下列规定编写：

① 索引出的详图，如与被索引详图同在一张图纸内，应在索引符号的上半圆中用阿拉伯数字注明该详图的编号，在下半圆中间画一条水平细实线，见图1-7（b）。

② 索引出的详图，如与被索引的详图不在同一张图纸内，应在索引符号的上半圆中用阿拉伯数字注明该详图的编号，在索引符号的下半圆中用阿拉伯数字注明该详图所在图纸的编号，见图1-7（c）。

③ 索引出的详图，如采用标准图，应在索引符号水平直径的延长线上加注该标准图册的编号，见图1-7（d）。

图 1-7 详图索引符号

当索引符号用于索引剖视详图时，应在被剖切的部位绘制剖切位置线，并以引出线引出索引符号，引出线所在的一侧应为剖视方向。索引符号的编号应符合 GB/T 50001—2017 第 7.2.1 条的规定，如图1-8所示。

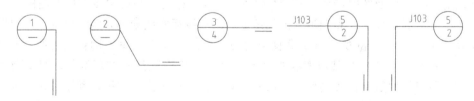

图 1-8 用于索引剖视详图的索引符号

（2）详图符号

详图的位置和编号，应以详图符号表示，详图符号的圆直径应为 14mm，以粗实线绘制，线宽为b。详图应按下列规定编号：

① 详图与被索引的图样同在一张图纸内时，应在详图符号内用阿拉伯数字注明详图编号，见图1-9（a）。

② 详图与被索引的图样不在同一张图纸内时，应用细实线在详图符号内画一条水平直径，在上半圆中注明详图编号，在下半圆中注明被索引的图纸的编号，见图1-9（b）。

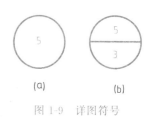

图1-9 详图符号

③ 一个详图适用于几根轴线时，应同时注明各有关轴线的编号，见图1-10。

用于2根轴线时　用于3根或3根以上轴线时　用于3根以上连续编号的轴线时

图1-10 一个详图适用于几根轴线

④ 通用详图中的定位轴线，应只画圆，不注写轴线编号。

1.1.5.3 引出线

引出线线宽应为$0.25b$，宜采用水平方向的直线，或与水平方向成30°、45°、60°、90°的直线，并经上述角度再折成水平线。文字说明宜注写在水平线的上方［图1-11（a）］，也可注写在水平线的端部［图1-11（b）］。索引详图的引出线，应与水平直径线相连接［图1-11（c）］。

图1-11 引出线

图1-12 共用引出线

同时引出的几个相同部分的引出线，宜互相平行［图1-12（a）］，也可画成集中于一点的放射线［图1-12（b）］。

多层构造共用引出线，如图1-13所示应通过被说明的各层，并用圆点示意对应各层次。文字说明宜注写在水平线的上方，或注写在水平线的端部，说明的顺序为由上至下，并应与被说明的层次对应一致；如层次为横向排序，则由上至下的说明顺序应与由左至右的层次对应一致。

1.1.5.4 其他符号

对称符号应由对称线和两端的两条平行线组成。对称线应用单点长画线绘制，线宽宜为

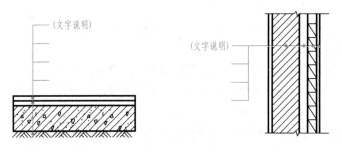

图 1-13　多层构造共用引出线

0.25b；平行线应用实线绘制，其长度宜为 6～10mm，每对的间距宜为 2～3mm，线宽宜为 0.5b；对称线应垂直平分平行线，两端超出平行线宜为 2～3mm（图 1-14）。

指北针的形状宜符合图 1-15（a）的规定，其圆的直径宜为 24mm，用细实线绘制；指针尾部的宽度宜为 3mm，指针头部应注"北"或"N"字。需用较大直径绘制指北针时，指针尾部的宽度宜为直径的 1/8。

指北针与风玫瑰结合时宜采用互相垂直的线段，线段两端超出风玫瑰轮廓线 2～3mm，垂点宜为风玫瑰中心，北向应注"北"或"N"字，组成风玫瑰所用线宽均宜为 0.5b，见图 1-15（b）。

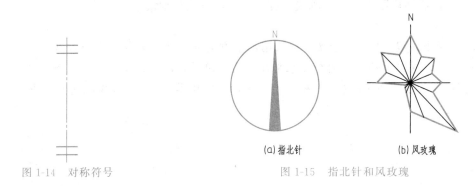

图 1-14　对称符号　　　　　　　　　图 1-15　指北针和风玫瑰

连接符号应以折断线表示需连接的部分。两部分相距过远时，折断线两端靠图样一侧应标注大写英文字母表示连接编号。两个被连接的图样应用相同的字母编号，见图 1-16。

对图纸中局部变更部分宜采用云线，并宜注明修改版次。修改版次符号宜为边长 0.8cm 的正等边三角形，修改版次应采用数字表示，见图 1-17。变更云线的线宽宜按 0.7b 绘制。

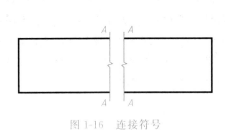

图 1-16　连接符号

图 1-17　变更云线

注：1 为修改次数。

1.1.6 定位轴线

定位轴线用细单点长画线绘制，定位轴线应编号，编号写在轴线端部的圆内。圆应用细实线绘制，直径为 8～10mm。定位轴线圆的圆心应在定位轴线的延长线或延长线的折线上。

除较复杂需采用分区编号或圆形、折线形外，一般平面上定位轴线的编号，宜标注在图样的下方或左侧。横向编号应用阿拉伯数字，从左至右顺序编写；竖向编号应用大写拉丁字母，从下至上顺序编写，见图 1-18。

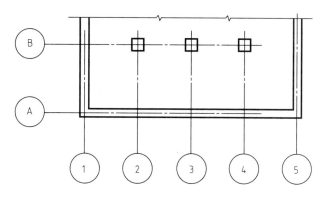

图 1-18　定位轴线编号的排序

拉丁字母作为轴线号时，应全部采用大写字母，不应用同一个字母的大小写来区分轴线号，拉丁字母的 I、O、Z 不得用作轴线编号。当字母数量不够使用时，可增用双字母或单字母加数字注脚。

组合较复杂的平面图中，定位轴线也可采用分区编号，编号的注写形式应为"分区号-该分区定位轴线编号"，分区号宜采用阿拉伯数字或大写拉丁字母表示（图 1-19）。

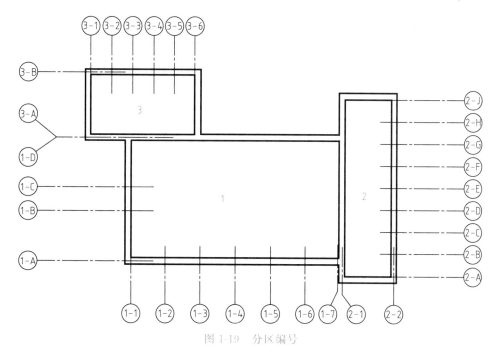

图 1-19　分区编号

附加定位轴线的编号，应以分数形式表示，并应符合下列规定：

① 两根轴线的附加轴线，应以分母表示前一轴线的编号，分子表示附加轴线的编号，编号宜用阿拉伯数字顺序编写；

② 1 号轴线或 A 号轴线之前的附加轴线的分母应以 01 或 0A 表示。

1.1.7 常用建筑材料图例

建筑工程中所用的建筑材料是多种多样的，为了在图纸上清楚地表示材料，GB/T 50001—2017 中规定了各种建筑材料图例，如表 1-7 所示。

表 1-7　常用建筑材料图例

序号	名称	图例	备注
1	自然土壤		包括各种自然土壤
2	夯实土壤		
3	砂、灰土		
4	砂砾石、碎砖三合土		
5	石材		
6	毛石		
7	实心砖、多孔砖		包括普通砖、多孔砖、混凝土砖等砌体。断面较窄不易绘出图例线时，可涂红，并在图纸备注中加注说明，画出该材料图例
8	耐火砖		包括耐酸砖等砌体
9	空心砖、空心砌块		包括空心砖、普通或轻骨料混凝土小型空心砌块等砌体
10	饰面砖		包括铺地砖、玻璃马赛克、陶瓷锦砖、人造大理石等
11	混凝土		(1)本图例指能承重的混凝土； (2)包括各种强度等级、骨料、添加剂的混凝土； (3)在剖面图上画出钢筋时，不画图例线； (4)断面图形较小，不易画出图例线时，可填黑或深灰（灰度宜 70%）
12	钢筋混凝土		
13	多孔材料		包括水泥珍珠岩、沥青珍珠岩、泡沫混凝土、非承重加气混凝土、软木、蛭石制品等

序号	名称	图例	备注
14	纤维材料		包括矿棉、岩棉、玻璃棉、麻丝、木丝板、纤维板等
15	泡沫塑料材料		包括聚苯乙烯、聚乙烯、聚氨酯等多聚合物类材料
16	胶合板		应注明为×层胶合板
17	石膏板		包括圆孔或方孔石膏板、防水石膏板、硅钙板、防火石膏板等
18	玻璃		包括平板玻璃、磨砂玻璃、夹丝玻璃、钢化玻璃、中空玻璃、夹层玻璃、镀膜玻璃等
19	防水材料		构造层次多或绘制比例大时,采用上面图例
20	粉刷		本图例采用较稀的点

使用建筑材料图例时,应符合下列规定:

① 图例线应间隔均匀,疏密适度,做到图例正确,表示清楚。

② 不同品种的同类材料使用同一图例时(如某些特定部位的石膏板必须注明是防水石膏板时),应在图上附加必要的说明。

③ 两个相同的图例相接时,图例线宜错开或使倾斜方向相反(图1-20)。

④ 两个相邻的涂黑图例间应留有空隙。其净宽度不得小于0.5mm(图1-21)。

图 1-20　相同图例相接时的画法

图 1-21　相邻涂黑图例的画法

1.1.8　尺寸标注

1.1.8.1　尺寸标注的组成

图样上的尺寸,包括尺寸界线、尺寸线、尺寸起止符号和尺寸数字(图1-22)。

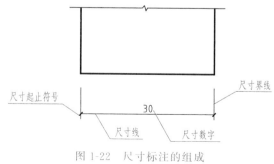

图 1-22　尺寸标注的组成

尺寸界线应用细实线绘制，其一端起点偏移量离开图样轮廓线不应小于 2mm，另一端宜超出尺寸线 2～3mm（图 1-23）。图样轮廓线可用作尺寸界线。

尺寸线应用细实线绘制，与被注长度平行，图样本身的任何图线均不得用作尺寸线。

尺寸起止符号一般用中粗短斜线绘制，其倾斜方向应与尺寸界线成顺时针 45°角，长度宜为 2～3mm。半径、直径、角度与弧长的尺寸起止符号，宜用箭头表示（图 1-24）。

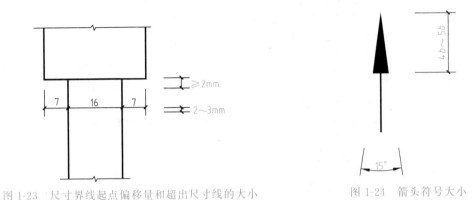

图 1-23 尺寸界线起点偏移量和超出尺寸线的大小

图 1-24 箭头符号大小

1.1.8.2 尺寸数字

图样上的尺寸，应以尺寸数字为准，不应从图上直接量取。

图样上的尺寸单位，除标高及总平面以米为单位外，其他必须以毫米为单位。

尺寸数字的方向，应以图 1-25（a）的规定注写。若尺寸数字在 30°斜线区内，也可按图 1-25（b）的形式注写。

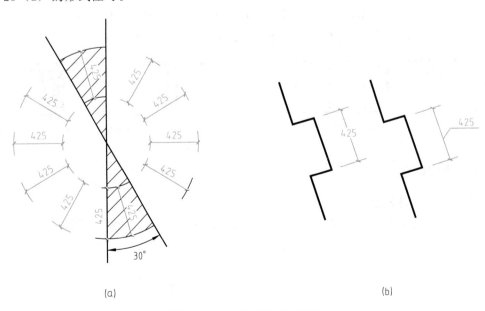

(a)

(b)

图 1-25 尺寸数字的注写方向

尺寸数字应依据其方向注写在靠近尺寸线的上方中部。如没有足够的注写位置，最外边的尺寸数字可注写在尺寸界线的外侧，中间相邻的尺寸数字可上下错开注写，可用引出线表示标注尺寸的位置，见图 1-26。

图 1-26 尺寸数字的注写位置

1.1.8.3　尺寸的排列与布置

尺寸宜标注在图样轮廓以外，不宜与图线、文字及符号等相交，见图 1-27。

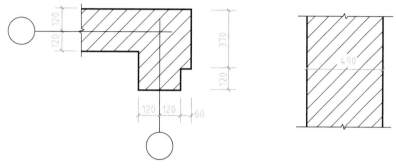

图 1-27 尺寸数字的注写

互相平行的尺寸线，应从被注写的图样轮廓线由近及远整齐排列，较小尺寸应离轮廓线较近，较大尺寸应离轮廓线较远。图样轮廓线以外的尺寸界线，距图样最外轮廓之间的距离，不宜小于 10mm。平行排列的尺寸线的间距，宜为 7～10mm，并应保持一致。总尺寸的尺寸界线应靠近所指部位，中间的分尺寸的尺寸界线可稍短，但其长度应相等（图 1-28）。

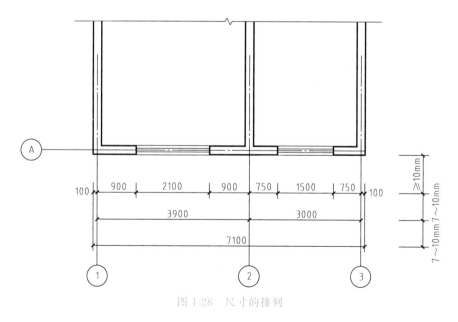

图 1-28 尺寸的排列

1.1.8.4　半径、直径、球的尺寸标注

半径的尺寸线应一端从圆心开始，另一端画箭头指向圆弧。半径数字前应加半径符号"R"。小圆弧的半径数字可引出标注，较大圆弧的尺寸线画成折线（图 1-29）。

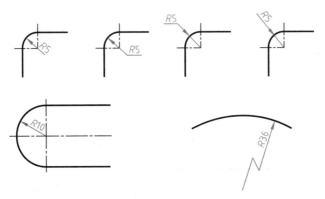

图 1-29　圆弧的标注

标注圆的直径时，数字前应加符号"ϕ"。在圆内标注的尺寸线应通过圆心，两端画箭头指至圆弧（图 1-30）。

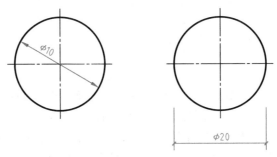

图 1-30　直径的标注

小圆直径可标注在圆外（图 1-31）。

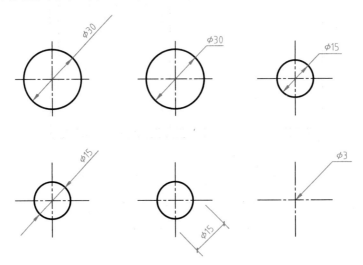

图 1-31　小圆直径的标注

标注球的半径时应在尺寸数字前加注符号"SR"，标注球的直径时应在尺寸数字前加注符号"Sϕ"。

1.1.8.5　角度、弧长、弦长的标注

角度的尺寸线应以圆弧表示，该圆弧的圆心是角的顶点，尺寸界线是角的两个边，数字

水平书写，如图 1-32（a）所示。

弧长的尺寸线为与该圆同心的圆弧，尺寸界线垂直于该圆的弦，数字的上方应加注符号"⌒"，如图 1-32（b）所示。

弦长的尺寸线应以平行于该弦的直线表示，尺寸界线应垂直于该弦，如图 1-32（c）所示。

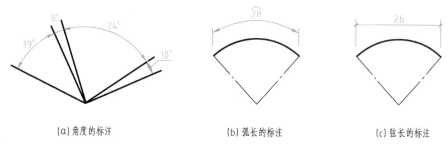

图 1-32　角度、弧长、弦长的标注

1.1.8.6　坡度的标注

标注坡度时，加注坡度符号"⟍___"，该符号为单面箭头，一般应指向下坡方向。坡度也可用直角三角形的形式标注。如图 1-33 所示。

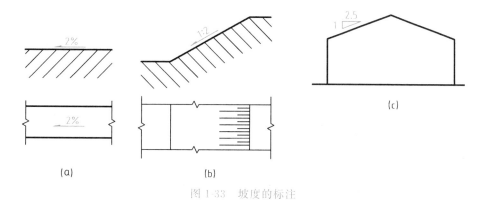

图 1-33　坡度的标注

1.1.8.7　尺寸的简化标注

杆件或管线的长度，在单线图上，可直接将尺寸数字沿杆件或管线的一侧注写，见图 1-34。

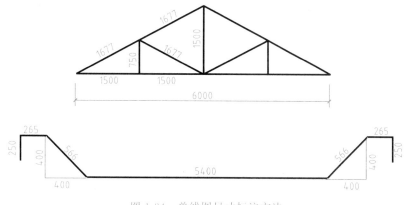

图 1-34　单线图尺寸标注方法

连续排列的等长尺寸，可用"等长尺寸×个数＝总长"的形式标注，见图1-35。

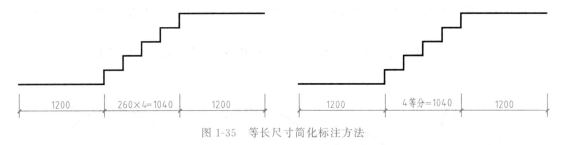

图1-35　等长尺寸简化标注方法

对称图形采用对称省略画法时，该对称构配件的尺寸线应略超过对称符号，仅在尺寸线的一端画尺寸起止符号，尺寸数字应按整体全尺寸注写，见图1-36。

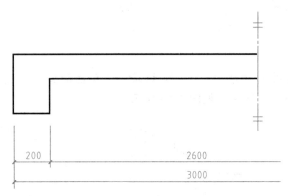

图1-36　对称构件尺寸标注方法

相似的构配件，如个别尺寸不同，可在同一图样中将其中一个构配件的不同尺寸数字注写在括号内，见图1-37。

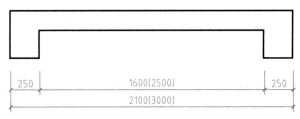

图1-37　相似构件尺寸标注方法

1.1.8.8　标高

标高符号应以等腰直角三角形表示，用细实线绘制，见图1-38。

图1-38　标高符号

总平面图室外地坪标高符号宜用涂黑的三角形表示，见图1-39。

标高数字应以米为单位，注写到小数点以后第三位。在总平面图中，可注写到小数点以后第二位。零点标高应注写成±0.000，正数标高不注"＋"，负数标高应注"－"。例如

3.000、−0.600。

在图样的同一位置需表示几个不同标高时，标高数字可按图 1-40 的形式注写。

图 1-39　总平面图室外地坪标高符号　　　　　图 1-40　同一位置注写多个标高数字

1.2　建筑施工图识读

附图 1《3♯住宅楼图纸》是施工现场已经验收的建筑物图纸，包括 13 张图纸，本节以这套图纸为例，就识图顺序和技巧、识图要点进行讲解。

1.2.1　识图顺序和技巧

首先看图纸目录，根据图纸目录（本套施工图纸是项目节选，所以只有 3♯住宅楼部分图纸目录），了解本施工图有几张图纸，免得漏掉图纸。按照图纸顺序浏览，顺序为建筑施工图设计总说明、总平面图、建筑构造做法表、首层平面图、标准层平面图（这里为二层、三层、四层、六层平面图）、屋面层平面图、立面图，最后是剖面图。浏览过程中大概了解建筑物的基本

二维码 1.1

情况，建筑物的结构形式、造型、楼层数、屋顶形式等内容，重点要记住每张图的主要内容。

考试过程中碰到相关题目，迅速找到相对应的图纸，找到图纸中对应的位置，找到准确信息，按题意选出最合适的选项。

1.2.2　识图要点

看建筑图时能根据图纸目录，迅速找到对应施工图纸。按照建筑设计总说明、平面图、立面图、剖面图、楼梯图、详图的相互对照的方法，看懂每一个部位的图集、做法，以及图纸存在的问题。

建筑施工图设计总说明中包含设计依据、工程概况、设计标高及单位、墙体工程、楼地面工程、屋面工程、外墙装修工程、门窗工程、幕墙、采光顶工程、室内装修工程、防水工程、电梯、自动扶梯、自动人行道以及门窗表，涉及这些方面的内容都在此张图纸中。

建筑构造做法表中包含屋面、楼面、地面、内外墙装饰及踢脚的具体做法和适用部位。

平面图一般分为首层平面图、标准层平面图和屋面层平面图，由于首层和屋面特殊，所以单独列出，涉及地面和屋面相关信息的在对应图纸中查找。

立面图一般会包含建筑物四个侧面的立面图，涉及外墙装饰的具体做法、各个侧面门高度、与地面接触的台阶数量等信息。

剖面图有助于读图者对建筑物内部有个直观的了解，包含各个楼层层高、楼梯详图、门窗详图等信息。

2 绘图卷

本章重点：绘图环境及打印设置，绘制三面投影、轴测图以及施工图。掌握重点，完成考试中 40 分值的绘图题。

绘图卷使用的软件是 CAD，CAD 软件有很多种，在广州中望龙腾软件股份有限公司组织的 1＋X 识图考试中，使用的是中望 CAD 软件。

2.1 绘图环境及打印设置

二维码 2.1

2.1.1 设置绘图空间图形界限

绘制任务

设置绘图空间图形界限为 594mm×420mm，并按照绘图比例 1∶100 进行缩放。

操作步骤：输入命令 LIMITS，将图形界限按比例放大设置。命令设置如下：

命令：LIMITS

重新设置模型空间界限

指定左下角点或 ［开(ON)/关(OFF)］< 0.0000,0.0000>

指定右上角点 < 594.0000,420.0000> : 59400,42000

2.1.2 设置绘图环境参数

（1）绘制任务

设置图形单位中长度、角度的精度，即保留小数点位数（精度设置为 0.00）。

操作步骤：点击菜单"格式/单位"，进入"图形单位"对话框，设置精度，见图 2-1。

（2）绘制任务

根据绘图习惯，调整绘图选项板中十字光标大小、自动捕捉标记大小、靶框大小、拾取框大小和夹点大小。

操作步骤：

① 输入快捷键"OP"，进入"选项"对话框，在"显示"选项卡中设置十字光标大小，见图 2-2。

② 在"草图"选项卡中设置自动捕捉标记大小和靶框大小，见图 2-3。

图 2-1 "图形单位"对话框

二维码 2.2

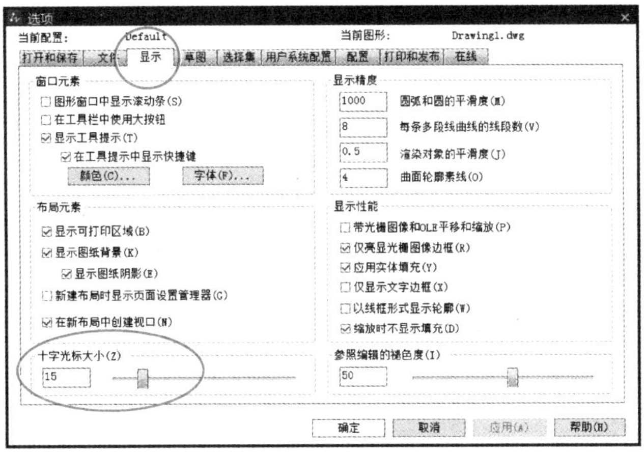

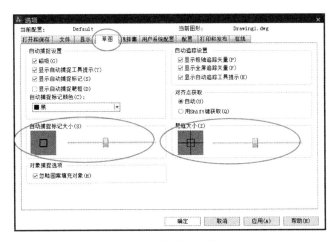

图 2-2 "显示"选项卡

图 2-3 "草图"选项卡

③ 在"选择集"选项卡中设置拾取框大小、夹点尺寸，见图 2-4。

图 2-4 "选择集"选项卡

（3）绘制任务

自定义草图设置。

操作步骤：

① 使用软件界面下方按钮进行草图设置，见图 2-5。

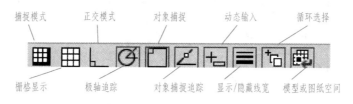

图 2-5 草图设置按钮

② 在按钮上右键单击，见图 2-6，进入"草图设置"对话框。

图 2-6 右键单击按钮

③ 在"捕捉和栅格"选项卡中可以进行捕捉和栅格间距设置，见图 2-7。

④ 在"对象捕捉"选项卡中可以进行对象捕捉模式设置，见图 2-8。

⑤ 在"极轴追踪"选项卡中可以进行极轴角设置，在画图过程中可以捕捉该增量角度的整数倍，如图 2-9 中设置的 30°增量角度经常用于绘制正等测图时的角度捕捉。

2.1.3 设置图层、文字样式、标注样式

（1）绘制任务

图层设置至少包括轴线、墙体、门窗、楼梯踏步、散水坡道、标注、文字、填充等。图层颜色自定，图层线型和线宽应符合相关建筑制图国家标准要求。

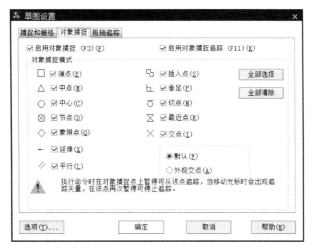

图 2-7 "捕捉和栅格"选项卡

二维码 2.3

图 2-8 "对象捕捉"选项卡

图 2-9 "极轴追踪"选项卡

操作步骤：输入快捷键"LA"进入"图层特性管理器"窗口，新建图层并设置图层特性，见图2-10。

状态	名称 /	开	冻结	锁定	颜色	线型	线宽	打印样式	打印	新视口冻结
✓	0				■白	Continuous	—— 默认	颜色_7		
	轴线				■红	CENTER	—— 默认	颜色_1		
	墙体				□黄	Continuous	■■ 1.00 mm	颜色_2		
	门窗				□绿	Continuous	—— 默认	颜色_3		
	楼梯踏步				■青	Continuous	■■ 0.50 mm	颜色_4		
	散水坡道				■蓝	Continuous	—— 默认	颜色_5		
	标注				■洋红	Continuous	—— 默认	颜色_6		
	文字				■白	Continuous	—— 默认	颜色_7		
	填充				■白	Continuous	—— 默认	颜色_7		

图2-10　图层设置

（2）绘制任务

设置两个文字样式，分别用于"汉字"和"数字和字母"的注释，所有字体均为直体字，宽度因子为0.7。

① 用于"汉字"的文字样式：

文字样式命名为"HZ"，字体名选择"仿宋"，语言为"CHINESE＿GB2312"。

② 用于"数字和字母"的文字样式：

文字样式命名为"XT"，字体名选择"simplex.shx"，大字体选择"hztxt.shx"。

操作步骤：

① 输入快捷键"ST"进入"字体样式"窗口，新建"HZ"样式，见图2-11。

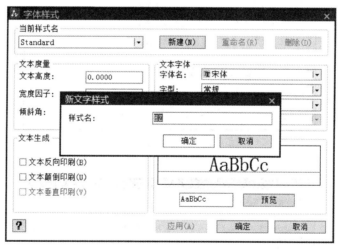

图2-11　字体样式对话框（一）

"字体名"选择"仿宋"，语言选择"CHINESE＿GB2312"，见图2-12。

② 新建"XT"样式，见图2-13。

字体名选择"simplex.shx"，大字体选择"hztxt.shx"，见图2-14。

（3）绘制任务

设置尺寸标注样式，尺寸标注样式名为"BZ"，其中文字样式用"XT"，其他参数请根据国家标准的相关要求进行设置。

操作步骤：

① 输入快捷键"D"进入"标注样式管理器"窗口，新建样式"BZ"，见图2-15。

图 2-12　字体样式对话框（二）

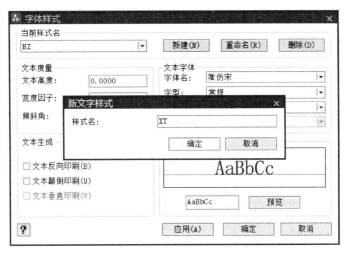

图 2-13　字体样式对话框（三）

图 2-14　字体样式对话框（四）

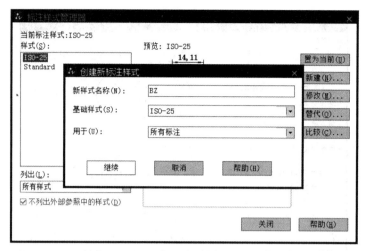

图 2-15　"标注样式管理器"窗口

② 在"新建标注样式"对话框的"直线和箭头"选项卡中，将"箭头"选为"建筑标记"，"箭头大小""超出尺寸线""起点偏移量"均设为 2 即可，见图 2-16。

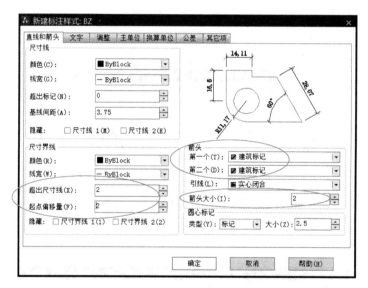

图 2-16　"直线和箭头"选项卡

③ 在"文字"选项卡中，选择"文字样式"为"XT"，"文字高度"设为 3，见图 2-17。

④ 在"调整"选项卡中，将使用全局比例设为 100，见图 2-18。

⑤ 在"主单位"选项卡中，将小数的精度设为 0，见图 2-19。

⑥ 将新建好的"BZ"置为当前样式，见图 2-20。

2.1.4　打印设置及模型空间、布局空间参数设置

（1）绘制任务

设置 pdf 打印机，配置打印机/绘图仪名称为"DWG TO PDF. pc5"；纸张幅面为 A2，横向；可打印区域页边距设置为 0，采用单色打印，打印比例为 1：1，图形绘制完成后按照出图比例进行布局出图。

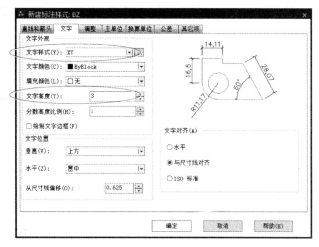

图 2-17 "文字" 选项卡　　　　　　　二维码 2.4

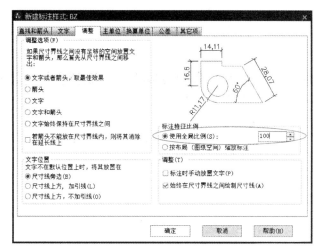

图 2-18 "调整" 选项卡

图 2-19 "主单位" 选项卡

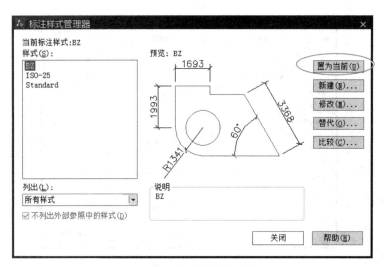

图 2-20　标注样式管理器

操作步骤：

① 点击菜单"文件/绘图仪管理器"，按照步骤提示添加绘图仪（打印机），见图 2-21～图 2-23。

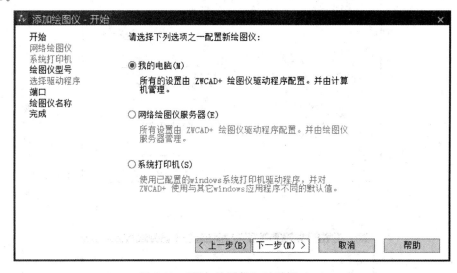

图 2-21　"添加绘图仪"对话框（一）

② 添加绘图仪之后，使用快捷键 Ctrl＋P 进入"打印"窗口，选择刚添加的绘图仪"DWG TO PDF"，点击"特性"按钮进入"绘图仪配置编辑器"，见图 2-24、图 2-25。

③ 在"修改标准图纸尺寸（可打印区域）"中选择"ISO A2（594.00×420.00）"，见图 2-25。

④ 在 A2 图幅下点击"修改"，将上下左右图纸边界设为 0，见图 2-26。

（2）绘制任务

绘制 A2 图框。

操作步骤：在模型空间 1∶1 绘制 A2 横向图框，图框包括图幅线、绘图区和标题栏，其尺寸见图 2-27、图 2-28。

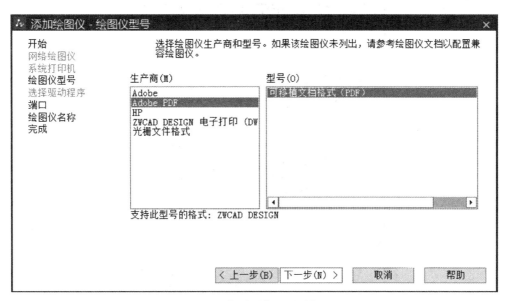

图 2-22 "添加绘图仪"对话框（二）

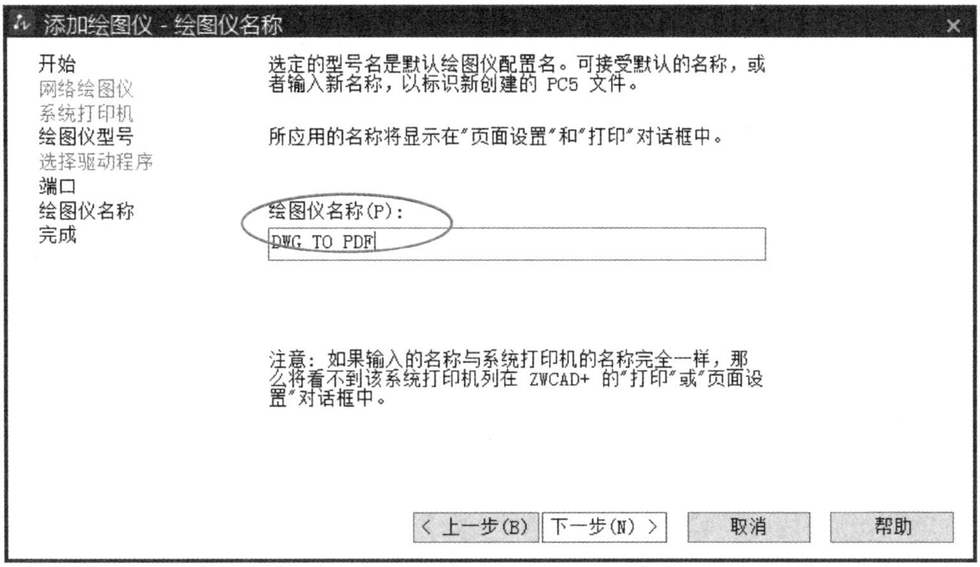

图 2-23 "添加绘图仪"对话框（三）

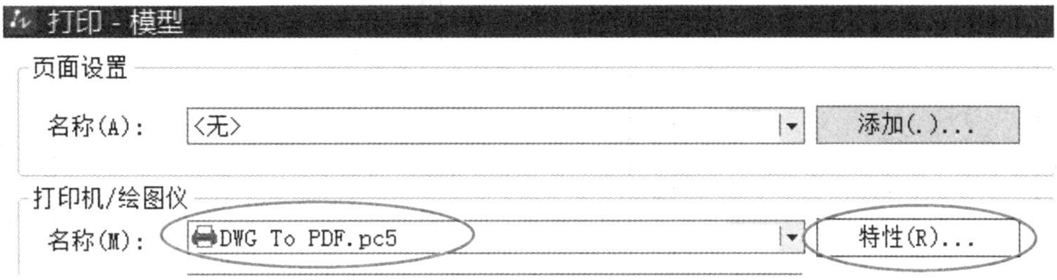

图 2-24 "打印"窗口

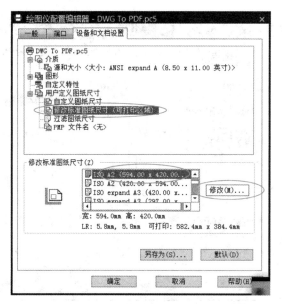

图 2-25　绘图仪配置编辑器

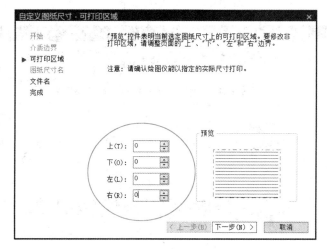

图 2-26　"自定义图纸尺寸"对话框

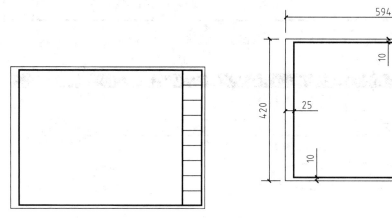

图 2-27　绘制 A2 图幅　　　　　　　　　图 2-28　A2 图幅尺寸示意

（3）绘制任务

设置视口，设置布局名称为"PDF-A2"，在布局空间按1∶1比例放置A2图框，按照出图比例设置视口大小，并锁定浮动视口比例及大小尺寸。

操作步骤：

① 选择绘制的图框，在右键菜单中选择"带基点复制"，选择图框左下角点作为基点，见图2-29。

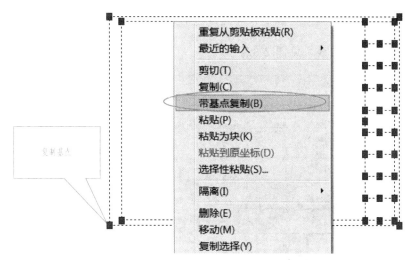

图 2-29　右键菜单

② 点击"布局1"，右键单击重命名为"PDF-A2"，见图2-30、图2-31。

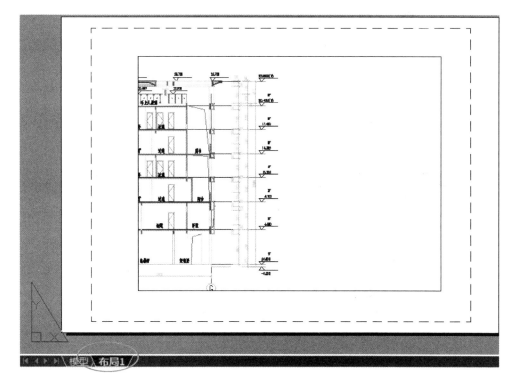

图 2-30　"布局 1"界面

图 2-31 "重命名布局"界面

③ 删除默认的视口边线，见图 2-32。

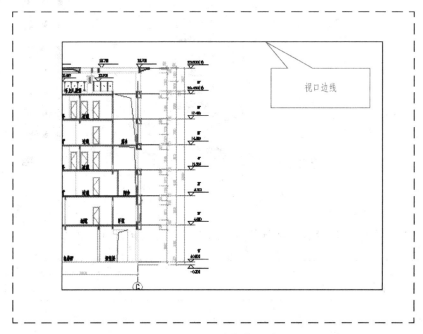

图 2-32 视口边线位置图

④ 在布局 1 上通过右键菜单进入页面设置，将"PDF-A2"布局中绘图仪选为"DWG To PDF.pc5"，纸张选择 A2 横幅大小，见图 2-33。

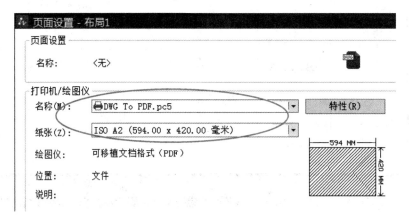

图 2-33 "页面设置"对话框

⑤ 将前面复制的图框粘贴至坐标（0，0），见图 2-34。

命令：_pasteclip 指定插入点：0，0

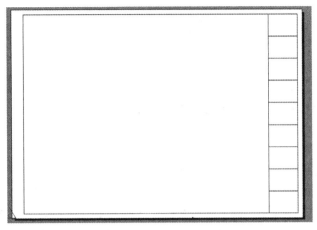

图 2-34　坐标图

⑥ 输入快捷键"MV"，捕捉左下角点和右上角点作为视口，在该视口中间双击鼠标，进入视口编辑状态，此时视口边线变粗。在工具栏里添加视口工具栏，在视口选项下输入自定义比例 1：100，将图形平移至合适位置。双击灰色区域可退出视口激活状态，见图 2-35。

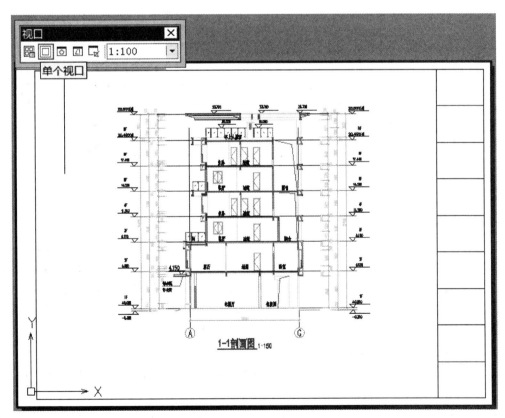

图 2-35　"视口"对话框

⑦ 设置完毕，可以在布局里直接出 pdf 图，使用快捷键 Ctrl＋P 打印即可。

2.2 三面投影绘制

2.2.1 了解三面投影图的形成过程

2.2.1.1 投影的形成

在投影的概念中，把光源称为投影中心，光线称为投射线，落影的平面称为投影面，所形成的影子（能反映物体形状的内外轮廓线）称为投影，见图2-36。

经常接触到的工程图样，是采用了投影的方法，在二维的平面上画出三维的空间物体。

2.2.1.2 三面正投影图

（1）投影体系的建立

在三面投影体系中，将处于正立位置的投影面称为正立投影面 V，V 面上的投影称为正面投影，也称正立面图；将处于水平位置的投影面称为水平投影面 H，H 面上的投影称为水平投影，也称平面图；将处于侧立位置的投影面称为侧立投影面 W，W 面上的投影称为侧面投影，也称侧立面图。三个投影面两两相交得到 OX、OY、OZ 三个投影轴。三面投影体系见图2-37。

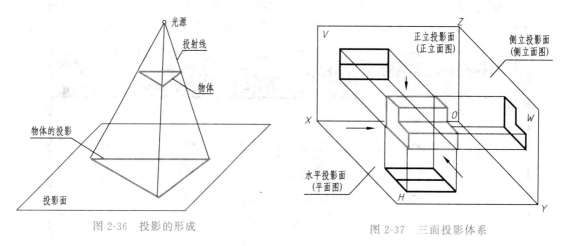

图 2-36　投影的形成　　　　　　　图 2-37　三面投影体系

（2）投影面的展开

在三面投影体系中，三个投影面是相互垂直的，三个投影图处在空间不同的平面上，需要将三个平面展开到同一平面中，便于读图。识读工程图纸时，即在同一平面中进行读图。

让 V 面保持不动，使 H 面绕 OX 轴向下旋转至与 V 面共面，使 W 面绕 OZ 轴向下旋转至与 V 面共面，如图2-38（a）所示。此时正面投影、水平投影和侧面投影组成的投影图，称为物体的三面投影图（也称三视图）。投影体系的展开见图2-38（b）。

（3）三面投影图的对应关系

① 度量对应关系。三面投影图从不同方向表达同一物体，因此它们之间存在度量上的对应关系。

如图2-39所示，展开后的三面投影图的位置关系和尺寸关系是：形体的水平投影反映形体的长度和宽度，形体的正面投影反映形体的长度和高度，形体的侧面投影反映形体的宽度和高度。

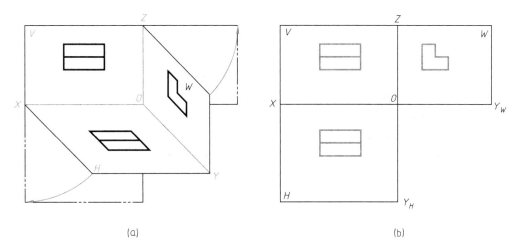

(a)   (b)

图 2-38　投影体系的展开

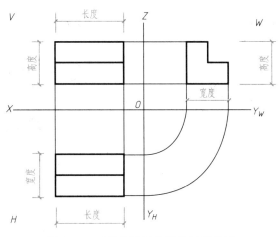

图 2-39　三面投影图的度量对应关系

由于形体的正面投影和水平投影都反映形体的长度，展开后，这两个投影左右对齐，这种关系，称为"长对正"；形体的正面投影和侧面投影同时反映形体的高度，这种关系，称为"高平齐"，形体的水平投影和侧面投影都反映形体的宽度，这种关系，称为"宽相等"。

总结三面投影图的度量对应关系就是"长对正、高平齐、宽相等"，简称为"三等原则"。

② 位置对应关系。从图 2-40 中可看出，物体的三面投影图与物体之间的位置对应关系为：

正面投影反映物体的上下、左右位置；

水平投影反映物体的前后、左右位置；

侧面投影反映物体的上下、前后位置。

2.2.2　投影法分类

投影的方法分为中心投影法和平行投影法两大类。

2.2.2.1　中心投影法

当投影中心与投影面相距为有限距离时，投影线从一点发散，这样得到的投影叫中心投

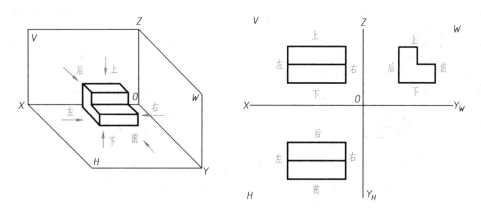

图 2-40　三面投影图的位置对应关系

影。中心投影法得到的投影图不能准确表示形体的形状与大小，且不能度量，常用来绘制透视图，见图 2-41。

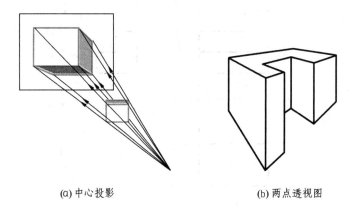

(a) 中心投影　　　　　　　　　　　　(b) 两点透视图

图 2-41　中心投影法

2.2.2.2　平行投影法

当投影中心与投影面相距无穷远时，投影线相互平行，这样得到的投影叫平行投影。平行投影分为两种：

① 正投影：相互平行的投影线垂直于投影面时，得到正投影。正投影一般用于绘制形体三视图、正轴测图、工程图等，见图 2-42。

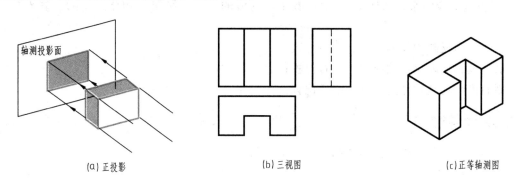

(a) 正投影　　　　　　　　(b) 三视图　　　　　　　(c) 正等轴测图

图 2-42　正投影图

② 斜投影：相互平行的投影线与投影面倾斜相交时，得到斜投影。斜投影一般用于绘制斜轴测图，见图 2-43。

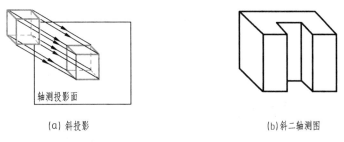

(a) 斜投影　　　　　　　　　　　　　　(b) 斜二轴测图

图 2-43　斜投影图

2.2.3　绘制简单形体三视图

【例 2-1】　利用中望 CAD 软件绘制图 2-44 所示形体的三视图。

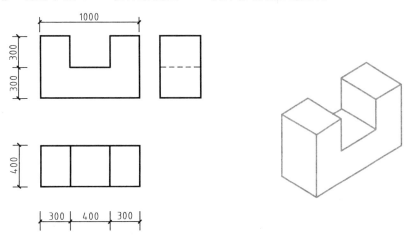

图 2-44　绘制三视图

解　操作步骤如下：

（1）绘制主视图

步骤一：打开中望 CAD。查看软件界面下方的状态栏，保证动态输入 为打开状态。

步骤二：进入直线命令。在英文输入法下输入"L"（不分大小写），即在十字光标旁显示命令列表，列表中可见第一项"L（LINE）"显示为蓝色，直接按【Enter】键，或者用鼠标左键点击"L（LINE）"命令，即进入到直线命令，见图 2-45。

图 2-45　进入直线命令　　　　　　　　　　图 2-46　点击第一个点

步骤三：绘制主视图中长度为 1000 的直线。

① 将十字光标放在绘图区，提示指定直线的第一个点，此时用光标在屏幕上点一个点，见图 2-46。

② 点击一点后提示指定下一点（图 2-47），此时将光标放置在与第一点水平的位置，极轴显示 0°，键盘输入 1000，按【Enter】键确定，见图 2-48。

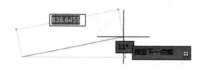

图 2-47 提示指定下一点

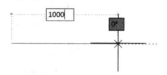

图 2-48 向右绘制长度 1000

步骤四：绘制主视图其他直线。

① 将十字光标放置于从上一点垂直向上的方向，键盘输入 600，按【Enter】键确定，见图 2-49。

② 将十字光标放置于从上一点水平向左的方向，键盘输入 300，按【Enter】键确定，见图 2-50。

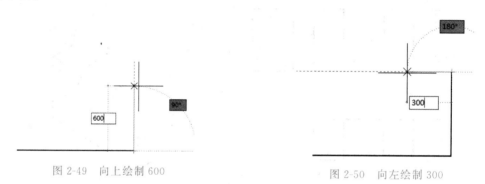

图 2-49 向上绘制 600

图 2-50 向左绘制 300

③ 将十字光标放置于从上一点垂直向下的方向，键盘输入 300，按【Enter】键确定，见图 2-51。

④ 将十字光标放置于从上一点水平向左的方向，键盘输入 400，按【Enter】键确定，见图 2-52。

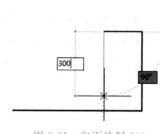

图 2-51 向下绘制 300

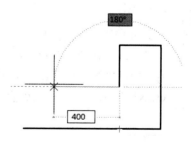

图 2-52 向左绘制 400

⑤ 将十字光标放置于从上一点垂直向上的方向，键盘输入 300，按【Enter】键确定，见图 2-53。

⑥ 将十字光标放置于从上一点水平向左的方向，键盘输入 300，按【Enter】键确定，见图 2-54。

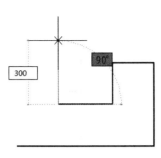

图 2-53　向上绘制 300

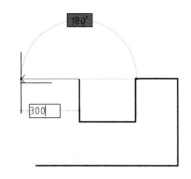

图 2-54　向左绘制 300

⑦ 用十字光标捕捉到第一个起始点，显示方块形状的捕捉点时，左键点击，使图形闭合，见图 2-55。

⑧ 按【Enter】键结束命令，见图 2-56。

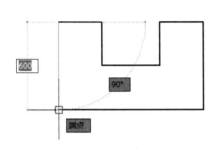

图 2-55　向下绘制 600

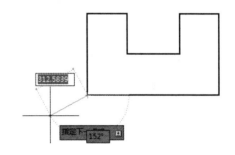

图 2-56　封闭图形，结束绘图

（2）绘制俯视图

步骤一：确定状态栏中"对象捕捉追踪"按钮 为高亮的打开状态。

步骤二：键盘输入"L"，按【Enter】键，进入到直线命令。

步骤三：将十字光标放置于主视图的左下角（图 2-57），显示出方块形状的端点捕捉符号后，将鼠标向下移动，此时显示出极轴追踪线。此步骤只移动十字光标，不点击鼠标，见图 2-58。

二维码 2.5

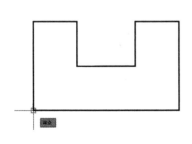

图 2-57　捕捉左下角端点

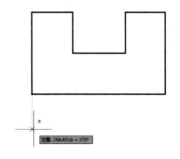

图 2-58　向下追踪

步骤四：十字光标向下移动至适当位置后点击鼠标左键，作为俯视图的第一点，然后按照绘制主视图的方法逐点绘制俯视图的四周线，见图 2-59。

步骤五：退出直线命令后键盘输入"CO"（即 Copy 的快捷键，不分大小写），进入复制命令，按【Enter】键确认。屏幕中显示"选择对象"，十字光标变成小方块，在左侧线上点击，选择该直线（图 2-60），按【Enter】键进入下一步，捕捉该直线上的一点，点击鼠标左键，见图 2-61。

将十字光标放在水平方向右侧，键盘输入 300（图 2-62），按【Enter】键确认复制出第一条线，见图 2-63。

键盘输入 700，按【Enter】键确认复制出第二条线，见图 2-64、图 2-65。

按【Enter】键退出复制命令。

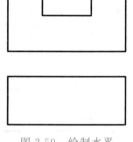

图 2-59　绘制水平投影矩形

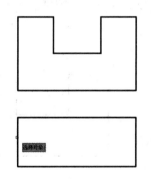

图 2-60　在复制命令中选择左边直线

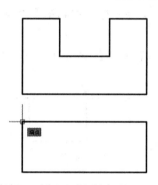

图 2-61　基点选中左上角点

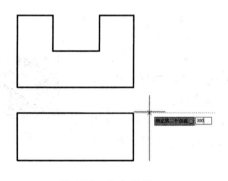

图 2-62　向右复制 300

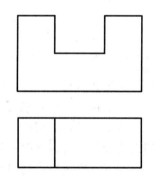

图 2-63　复制第一条直线完毕

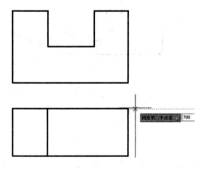

图 2-64　继续向右复制 700

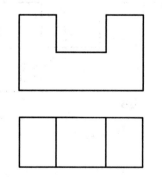

图 2-65　复制第二条直线完毕

（3）绘制左视图

步骤一：键盘输入"L"，按【Enter】键，进入到直线命令。

步骤二：将十字光标停留在主视图的右上角（图2-66），显示出方块形状的端点捕捉符号后，将鼠标向右移动，此时显示出极轴追踪线，见图2-67。此步骤只移动十字光标，不点击鼠标。

二维码 2.6

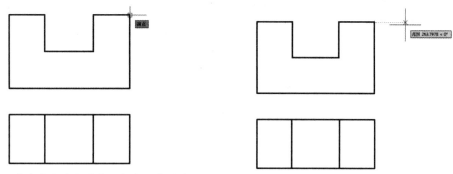

图 2-66　在直线命令中从右上角点开始追踪　　　图 2-67　向右侧水平追踪

步骤三：十字光标向右移动至适当位置后点击鼠标左键，作为左视图的第一点（图2-68），然后按照绘制主视图的方法逐点绘制左视图的四周线，见图2-69。

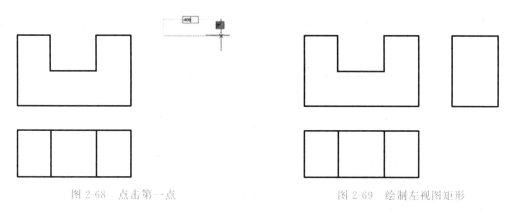

图 2-68　点击第一点　　　　　　　　　图 2-69　绘制左视图矩形

步骤四：按照俯视图中的做法将左视图上面的横线复制到中间，见图2-70、图2-71。

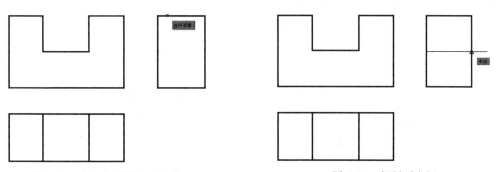

图 2-70　选中左视图上边直线　　　　　　图 2-71　复制到中间

步骤五：点击软件界面上部命令栏中的对象线型后面的三角（图2-72），点击"其他"，见图2-73。

图 2-72 点击三角形

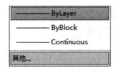

图 2-73 展开线型列表

点击线型管理器对话框中的"加载"按钮，见图 2-74。

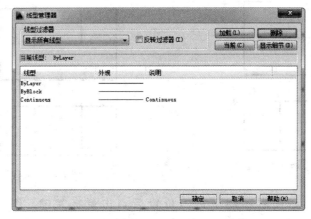

图 2-74 线型管理器对话框

在加载或重载线型对话框列表中选择"DASHED"线型作为虚线，见图 2-75。点击"确定"按钮退出。

图 2-75 选择"DASHED"线型作为虚线

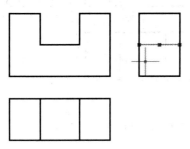

图 2-76 选择左视图中间的线

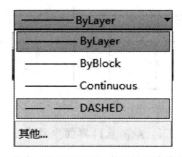

图 2-77 点击"DASHED"将选择的直线设为虚线

点击选择左视图中间的线（图 2-76），这时的选择不是在任何命令中进行，所以选择的线具有夹点显示。重新点击软件界面上部命令栏中的对象线型列表，选择刚刚加载过的"DASHED"线型，见图 2-77，即将该线条设为虚线。

此时的虚线显示效果不好，如图 2-78。

重新选择该线（图 2-79），在线上点击鼠标右键，点击列表中的"特性"，如图 2-80。

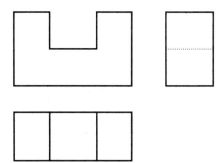

图 2-78　虚线显示效果不好

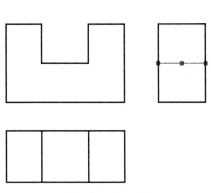

图 2-79　选中虚线

图 2-80　右键菜单中选择"特性"

将特性窗口中的"线型比例"调整为 5（图 2-81），按【Enter】键确定。按【Esc】退出选择直线状态，如图 2-82。

图 2-81　"线型比例"调整为 5

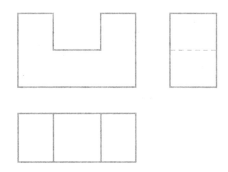

图 2-82　虚线效果修改完毕

2.2.4　补绘第三面投影

【例 2-2】　根据图 2-83 所示主视图、左视图以及正等轴测图，补绘俯视图。

解　作图步骤如下：

① 首先绘制主视图和左视图，然后作 45°辅助线（使用辅助线图层线），绘制轮廓线的节点平行线，见图 2-84、图 2-85。

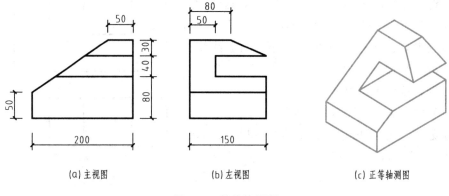

（a）主视图   （b）左视图   （c）正等轴测图

图 2-83 补绘俯视图

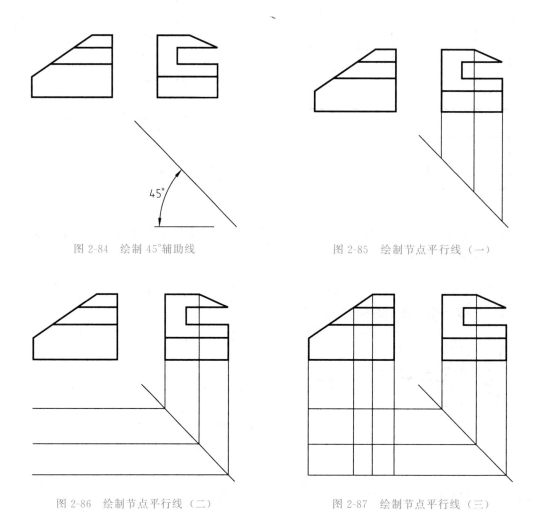

图 2-84 绘制 45°辅助线   图 2-85 绘制节点平行线（一）

图 2-86 绘制节点平行线（二）   图 2-87 绘制节点平行线（三）

② 继续绘制节点平行线，见图 2-86、图 2-87。

③ 绘制俯视图轮廓线，删掉无用的辅助线，见图 2-88、图 2-89。

④ 根据正等轴测图，绘制俯视图虚线部分，最后删掉所有辅助线，见图 2-90、图 2-91。

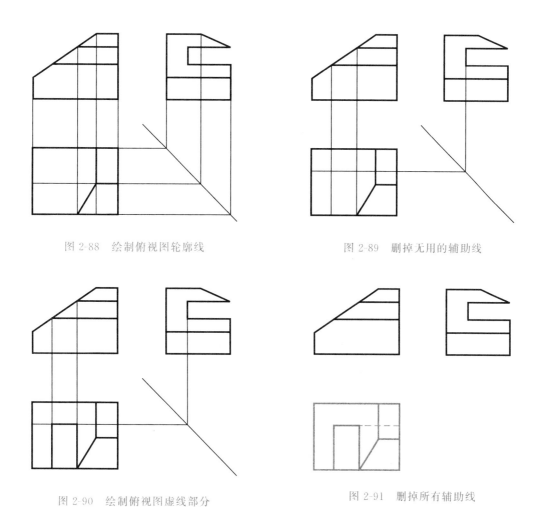

图 2-88　绘制俯视图轮廓线　　　　　　　　　图 2-89　删掉无用的辅助线

图 2-90　绘制俯视图虚线部分　　　　　　　　图 2-91　删掉所有辅助线

2.2.5　习题——补绘俯视图

根据图 2-92 所示主视图、左视图，补绘俯视图。

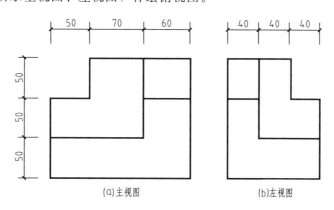

(a)主视图　　　　　　　　(b)左视图

图 2-92　主视图、左视图

分析　首先在脑海里进行形体分析，如图 2-93 所示。

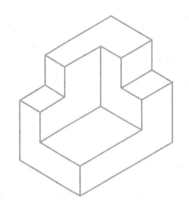

图 2-93　形体分析

作图

① 首先绘制主视图和左视图，然后作 45°辅助线（使用辅助线图层线），绘制轮廓线的节点平行线，然后绘制俯视图轮廓线，并删掉不用的节点平行线，见图 2-94、图 2-95。

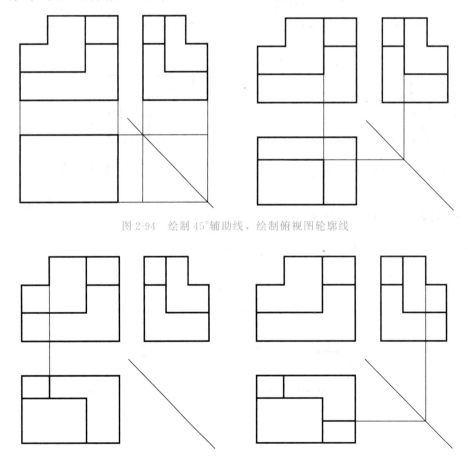

图 2-94　绘制 45°辅助线，绘制俯视图轮廓线

图 2-95　绘制俯视图轮廓线，删掉无用辅助线

② 删掉无用的辅助线，见图 2-96。

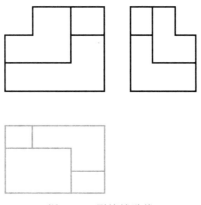

图 2-96　删掉辅助线

2.3　轴测图绘制

轴测图是一种单面投影图，是把空间物体和确定其空间位置的直角坐标系按平行投影法沿不平行于任何坐标面的方向投影到单一投影面上所得的图形。轴测图在一个投影面上能同时反映出物体三个坐标面的形状，并接近于人们的视觉习惯，形象、逼真，富有立体感。但是轴测图一般不能反映出物体各表面的实形，因而度量性差，同时作图较复杂。因此，在工程上常把轴测图作为辅助图样，在设计中，用轴测图帮助构思、想象物体的形状，以弥补正投影图的不足，如图 2-97 所示。

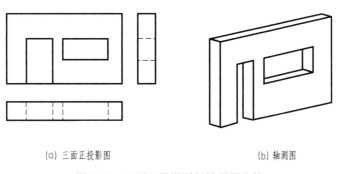

(a) 三面正投影图　　　　　　　　　　(b) 轴测图

图 2-97　三面正投影图与轴测图比较

2.3.1　轴测图的特性

① 平行性：物体上互相平行的线段，在轴测图上仍互相平行。

② 定比性：物体上两平行线段或同一直线上的两线段长度之比，在轴测图上保持不变。

③ 度量性：物体上平行于轴测投影面的直线和平面，在轴测图上反映实长和实形（图 2-98）。

注意：与坐标轴不平行的线段，其伸缩系数与轴不同，不能直接度量与绘制，只能根据端点坐标，作出两端点后连线绘制。

轴测图和透视图区别：轴测图是平行投影得到的投影图，透视图是用中心投影法得到的投影图，如图 2-99。

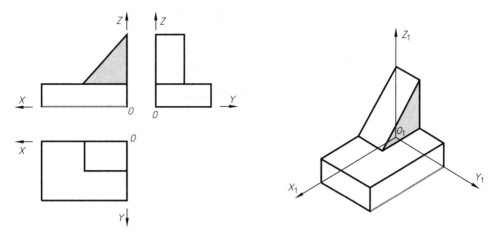

图 2-98 轴测图的特性

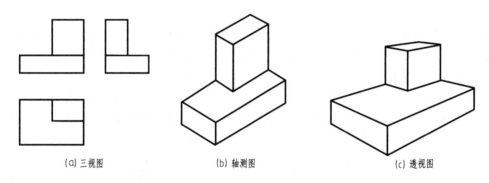

(a) 三视图   (b) 轴测图   (c) 透视图

图 2-99 轴测图和透视图区别

2.3.1.1 轴测轴与轴间角

① 轴测轴——建立在物体上的坐标轴在投影面上的投影，如图 2-100 中 O_1X_1、O_1Y_1、O_1Z_1。

② 轴间角——轴测轴间的夹角，如图 2-100 中 $\angle X_1O_1Z_1$、$\angle Y_1O_1Z_1$、$\angle X_1O_1Y_1$。

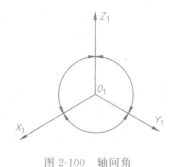

图 2-100 轴间角

2.3.1.2 轴向伸缩系数

$$轴向伸缩系数 = \frac{轴测轴上线段的长度}{原坐标轴上线段的长度}$$

轴向伸缩系数见图 2-101。

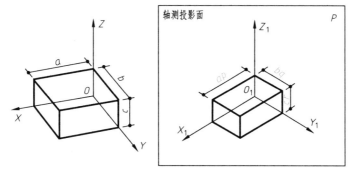

图 2-101　轴向伸缩系数

X 轴轴向伸缩系数 $p = \dfrac{O_1 X_1}{OX}$；Y 轴轴向伸缩系数 $q = \dfrac{O_1 Y_1}{OY}$；Z 轴轴向伸缩系数

$r = \dfrac{O_1 Z_1}{OZ}$。

2.3.1.3　轴测图的分类

① 正轴测图——用正投影法形成。

② 斜轴测图——用斜投影法形成。

$$
\text{轴测图}
\begin{cases}
\text{正轴测图}
\begin{cases}
\text{正等轴测图 } p = q = r \\
\text{正二轴测图 } p = r \neq q \\
\text{正三轴测图 } p \neq q \neq r
\end{cases} \\
\text{斜轴测图}
\begin{cases}
\text{斜等轴测图 } p = q = r \\
\text{斜二轴测图 } p = r \neq q \\
\text{斜三轴测图 } p \neq q \neq r
\end{cases}
\end{cases}
$$

2.3.1.4　常用轴测图

制图标准中规定，一般采用正等轴测、正二轴测、斜二轴测三种轴测图，工程上使用较多的是正等轴测和斜二轴测。

（1）正等轴测

正等轴测图的三个方向轴向伸缩系数 $p = q = r = 0.82$，考虑到三个方向的系数相同，均取值为 1，以简化绘图过程（图 2-102）。

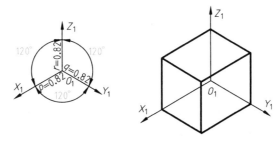

图 2-102　正等轴测图

（2）斜二轴测

斜二轴测的轴向伸缩系数 $p = 1$、$q = 0.5$、$r = 1$。形体中正面平行于轴测投影面，其轴测图为实形，如图 2-103。

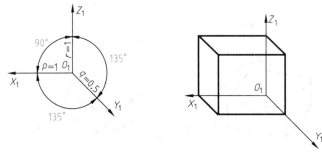

图 2-103　斜二轴测图

2.3.1.5　轴测图的选择

① 对于在不同方向均有圆或圆弧的形体，用正等轴测较方便。

② 对于在一个方向有许多圆或圆弧的形体，用斜二轴测作图较方便。

③ 根据形体的方位选择立体感强的轴测图。

2.3.2　绘制正等轴测图

【例 2-3】　根据图 2-104 所示三视图绘制形体的正等轴测图。

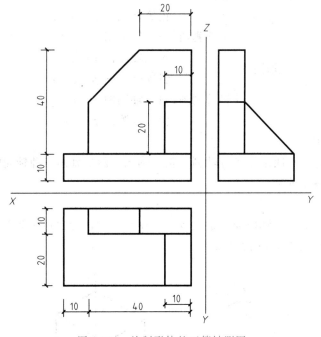

图 2-104　绘制形体的正等轴测图

二维码 2.7

　　分析　该形体由三部分叠加而成，最下方为长方体，上方后侧为竖着放的五棱柱，上方右侧为截面为三角形的三棱柱，如图 2-105。

　　作图

　　① 确定轴测轴。正等轴测图的坐标轴为三个夹角互为 120° 的直线，如图 2-106 所示。正等轴测图的三个方向轴向伸缩系数 $p=q=r=1$。绘制轴测图时无需画出坐标轴，但是三

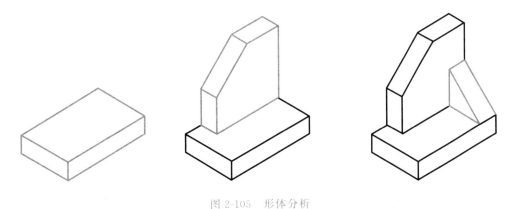

图 2-105 形体分析

视图中与轴线平行的线在正等轴测图中也应绘制成与对应的轴线平行，并且与三视图中的长度相同。

② 首先绘制形体最下方部分的长方体的正等轴测图，图 2-107 为该长方体的三视图。

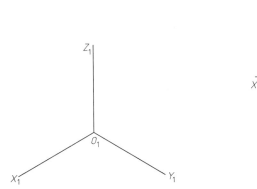

图 2-106 正等轴测图的坐标轴

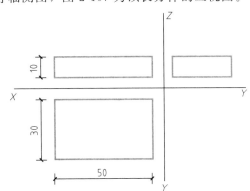

图 2-107 最下方部分的长方体的三视图

从坐标原点 O_1 向 X_1 轴方向绘制 50，再从原点向 Y_1 轴方向绘制 30，将两条线复制成平行四边形，作为长方体的底面，见图 2-108。

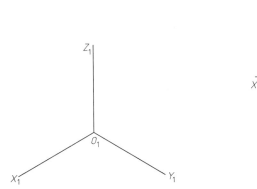

$$Z_1 \qquad\qquad\qquad Z_1$$

(a) 向 X_1 轴方向绘制 50，向 Y_1 轴方向绘制 30

(b) 闭合底面

图 2-108 绘制底面

从平行四边形的四个角向上绘制长方体的高度线，长为 10。将底面的平行四边形复制到高度线的上方作为上表面，见图 2-109。

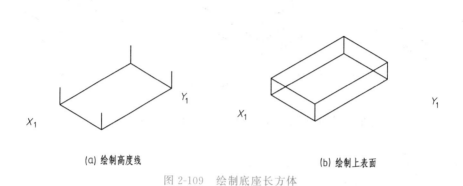

(a) 绘制高度线　　　　　(b) 绘制上表面

图 2-109　绘制底座长方体

③ 然后绘制形体后侧的五棱柱体的正等轴测图，该柱体在三视图中的投影如图 2-110 所示。

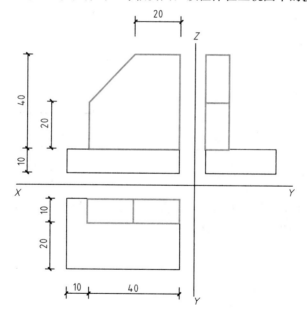

图 2-110　形体后侧的柱体三视图

先绘制五棱柱的横截面。从底部长方体的上表面后侧角点沿 Z_1 轴向上绘制直线❶（长 40）；再沿 X_1 轴方向绘制直线（长 20），见图 2-111。

再从底部长方体的上表面后侧角点向 X_1 轴方向绘制直线（长 40），再向上绘制直线（长 20）。连接与顶部的角点，见图 2-112。

从柱体的横截面各个角点向 Y_1 轴方向绘制柱体厚度直线（长 10），然后将横截面向 Y_1 方向复制，距离为 10，形成柱体前表面，如图 2-113。

———————————

❶　此处"直线"含义是用 CAD 中"直线"命令所绘制的线段。

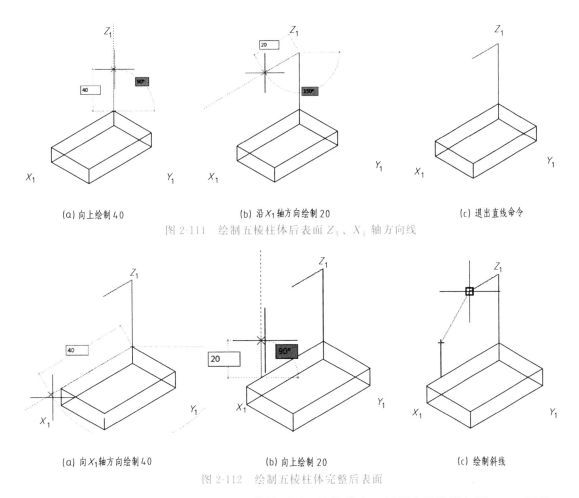

(a) 向上绘制 40 　　　　(b) 沿 X_1 轴方向绘制 20 　　　　(c) 退出直线命令

图 2-111　绘制五棱柱体后表面 Z_1、X_1 轴方向线

(a) 向 X_1 轴方向绘制 40 　　　　(b) 向上绘制 20 　　　　(c) 绘制斜线

图 2-112　绘制五棱柱体完整后表面

④ 最后绘制形体右侧的三棱柱的正等轴测图，该柱体在三视图中的投影如图 2-114 所示。

首先绘制三棱柱体的横截面。在前两个形体的交点 1 向上绘制直线（长 20），再从点 1 沿 Y_1 轴绘制直线（长 20），连接两个直线的端点，见图 2-115。

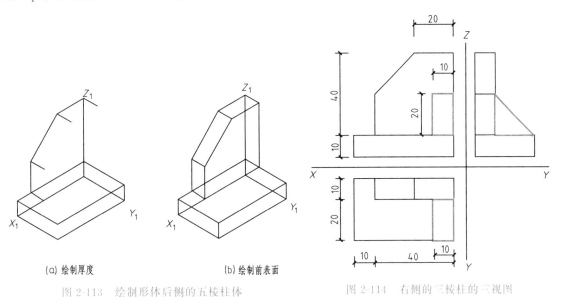

(a) 绘制厚度　　　　(b) 绘制前表面

图 2-113　绘制形体后侧的五棱柱体

图 2-114　右侧的三棱柱的三视图

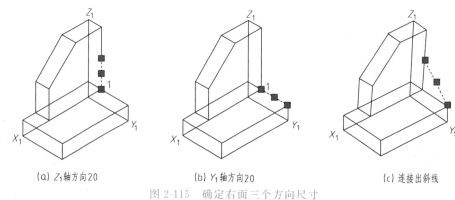

(a) Z_1轴方向20　　　　　(b) Y_1轴方向20　　　　　(c) 连接出斜线

图 2-115　确定右面三个方向尺寸

从绘制的三角形各个角点向 X_1 轴方向绘制直线（长 10），将三角形向 X_1 轴方向复制，距离为 10，见图 2-116。

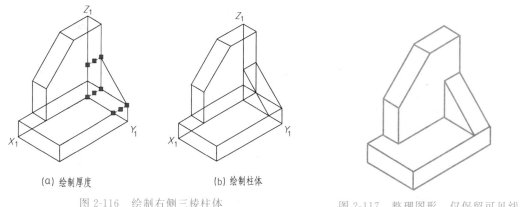

(a) 绘制厚度　　　　　　　　　(b) 绘制柱体

图 2-116　绘制右侧三棱柱体

图 2-117　整理图形，仅保留可见线

⑤ 将被遮挡的不可见线删除或剪切，保留可见线，最终得到形体的正等轴测图，如图 2-117。

【例 2-4】　根据图 2-118 形体的主视图、左视图和俯视图，绘制该形体的正等轴测图。

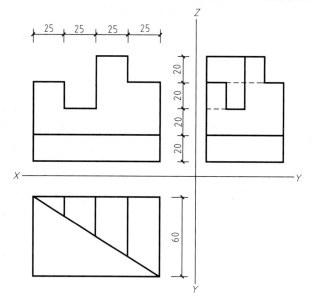

图 2-118　形体的主视图、左视图和俯视图

分析 该形体由上下两部分组合而成：下面部分为长方体，上面部分可以看作是一个三棱柱被多次切割形成的。见图 2-119。

作图

① 绘制正等轴测图的坐标轴，正等轴测图的坐标轴的三个夹角互为120°的直线，如图 2-120。

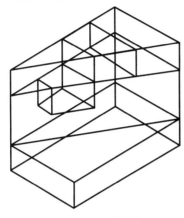

图 2-119 形体分析

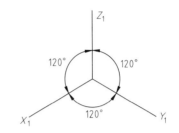

图 2-120 正等轴测图的坐标轴

② 首先绘制形体下面部分的长方体：绘制平行四边形，作为形体的底面，从平行四边形的四个角向上绘制长方体，如图 2-121～图 2-123。

然后绘制三棱柱：从底部长方体的上表面三个角点沿 Z_1 轴方向向上绘制直线，依次连接形成三棱柱，如图 2-124。

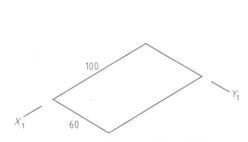

图 2-121 绘制底面平行四边形

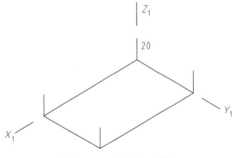

图 2-122 绘制高度线

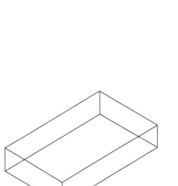

图 2-123 绘制长方体

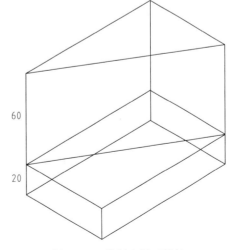

图 2-124 绘制上层三棱柱

③ 绘制切割体的切割线，注意使用辅助线图层，绘制形体轮廓线，如图 2-125、图 2-126。

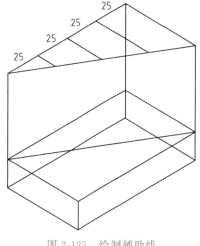

图 2-125　绘制辅助线

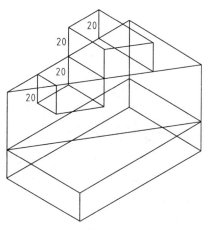

图 2-126　绘制形体轮廓线

④ 用粗实线描出形体轮廓线，如图 2-127，删掉辅助线最终得到形体的正等轴测图见图 2-128。

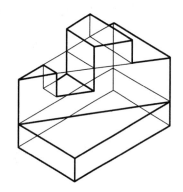

图 2-127　用粗实线描出形体轮廓线

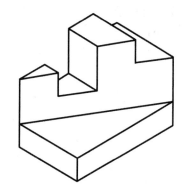

图 2-128　删掉辅助线，整理图形，完成

2.3.3　习题——绘制正等轴测图

根据图 2-129 形体三视图，绘制该形体的正等轴测图。

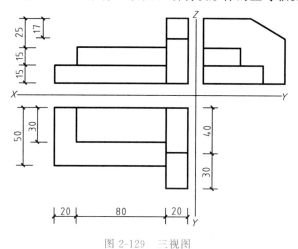

图 2-129　三视图

分析　该形体由三部分组合而成，左侧由上下两个大小不同的长方体叠加得来，右侧为五棱柱，如图 2-130。

① 首先绘制正等轴测图的坐标轴，如图 2-131。

② 绘制 Y_1Z_1 轴面，进而绘制五棱柱（图 2-132）。

③ 绘制 X_1Y_1 轴面，进而绘制底面长方体（图 2-133）。

④ 绘制最上层长方体，见图 2-134（a），用粗实线描出形体

轮廓线，删掉辅助线，最后形体的正等轴测图如图 2-134（b）。

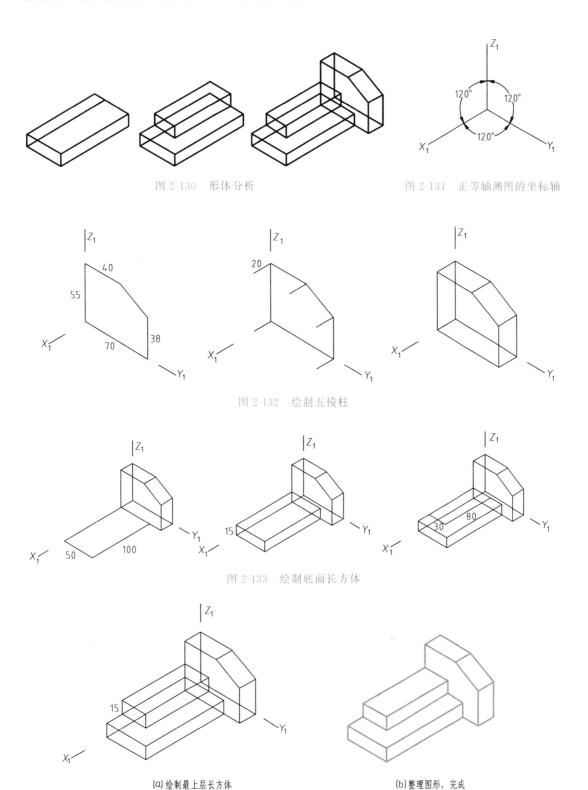

图 2-130　形体分析

图 2-131　正等轴测图的坐标轴

图 2-132　绘制五棱柱

图 2-133　绘制底面长方体

(a)绘制最上层长方体

(b)整理图形，完成

图 2-134　绘制形体最上层长方体，整理图形，完成

2.4 施工图绘制

任务：抄绘户型平面图

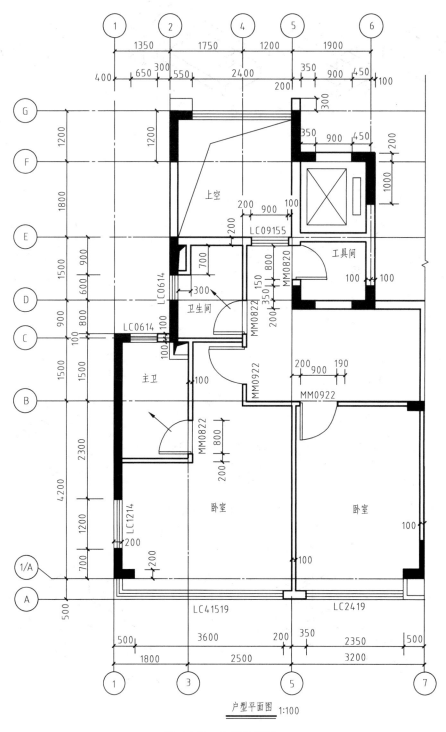

户型平面图 1:100

图 2-135　户型平面图

绘制要求：①抄绘图 2-135 户型平面图中的所有内容；②图中未明确标注的尺寸根据住宅建筑构造常见形式自行决定；③绘图比例 1∶1，出图比例 1∶100。

2.4.1 新建图层

在"图层特性管理器"中新建需要的图层。其中轴线为单点长画线，在新建图层时加载"CENTER"线型作为轴线线型。墙体使用粗实线。钢筋混凝土墙图层用于填充。图层设置见图 2-136。

				颜色	线型	线宽
▱尺寸标注				黄	Continuous	默认
▱混凝土墙				8	Continuous	0.50 mm
▱门窗				绿	Continuous	默认
▱填充墙				青	Continuous	0.50 mm
▱文字				白	Continuous	默认
▱轴号				绿	Continuous	默认
▱轴线				红	CENTER	默认

图 2-136　新建图层

2.4.2 绘制轴网

按照图中尺寸绘制轴网，见图 2-137。

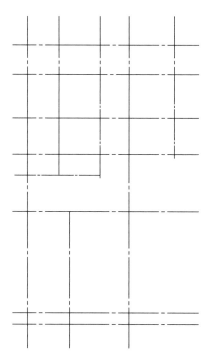

图 2-137　绘制轴网

二维码 2.8

单点长画线绘制完毕，可能看上去比例不合适，如图 2-138 所示。此时可以选择需要修改的轴线，然后使用快捷键 Ctrl＋1 打开"特性"窗口，将该直线的"线型比例"修改至合适数值，见图 2-139。修改之后如图 2-140 所示。

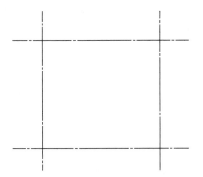

图 2-138　单点长画线线型比例不合适

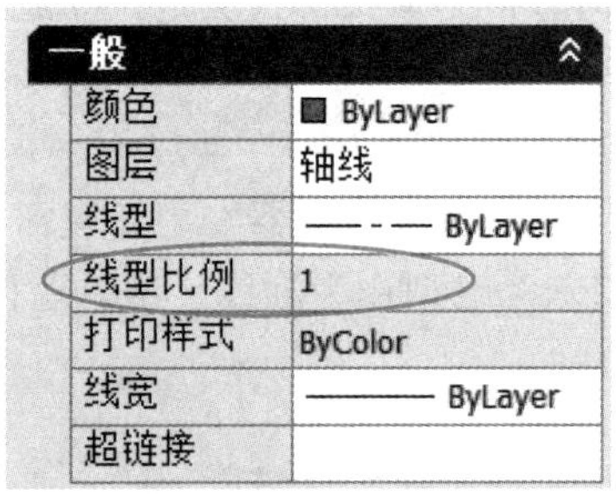

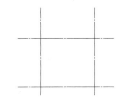

图 2-139　单点长画线线型比例修改

按照 2.1 节"绘图环境及打印设置"中设置尺寸标注样式的方法，将标注全局比例设为100，进行尺寸标注，见图 2-141。

图 2-140　单点长画线线型比例合适

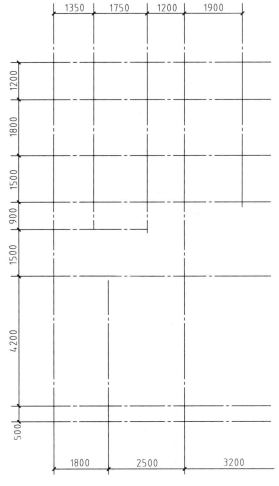

图 2-141　轴网尺寸标注

2.4.3 绘制轴号

轴号圆直径为 8～10mm，轴线编号文字高 5mm。按照 1∶100 出图时，圆直径绘制为 800～1000mm，文字高设置为 500mm。绘制轴号如图 2-142 所示。

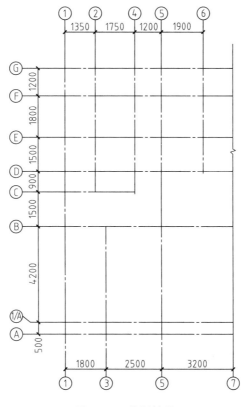

图 2-142　绘制轴号

二维码 2.9

2.4.4 绘制墙体

墙体的厚度有 200、100 两种，墙体线与轴线的对齐方式也不一样，需根据不同的特点进行多线的绘制设置。

（1）墙体一条线与轴线重合

图 2-143 中两种墙体都是一条墙线与轴线位置重合，但是墙厚不同。在多线样式设置中假设墙厚为 1，一条墙线距离轴线为 0，另一条墙线距离轴线为 1。在多线绘制时分别设置不同的墙厚。

图 2-143　墙体一条线与轴线重合

二维码 2.10

输入快捷键"MLS"进入"多线样式"窗口，见图 2-144， "新建"一个墙的样式
"q1"。

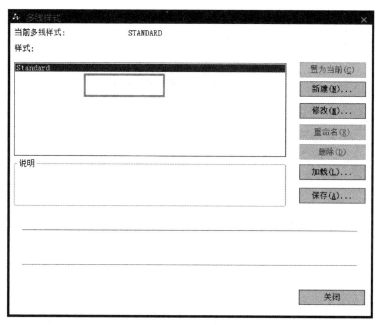

图 2-144 "多线样式"窗口

在"修改多线样式"窗口中，勾选用直线将"起点""终点"封口，设置两个偏移元素
为 0、1，见图 2-145。

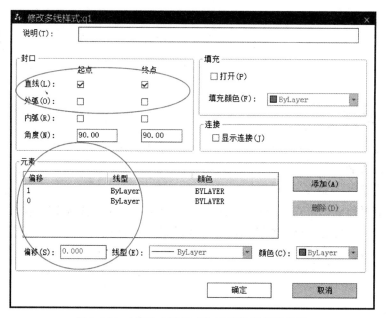

图 2-145 "修改多线样式"窗口设置偏移元素

将该样式"置为当前"，见图 2-146。

输入快捷键"ML"，用多线命令绘制厚 200 的墙体，将"对正类型"设为"上"或
"下"；如果绘制厚 100 的墙体就将最后的多线比例设为 100。设置如下：

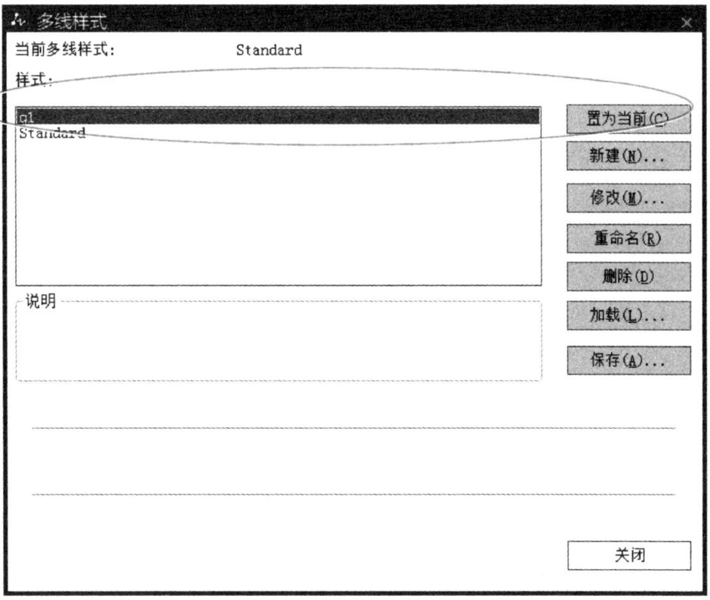

图 2-146 将样式 "q1" "置为当前"

```
MLINE
指定起点或 [对正 (J) /比例 (S) /样式 (ST)]: j
输入对正类型 [上 (T) /无 (Z) /下 (B)] <上> : t
指定起点或 [对正 (J) /比例 (S) /样式 (ST)]: s
输入多线比例 <20.00> : 200
```

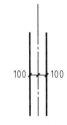

图 2-147　墙体中心线与轴线重合

（2）墙体中心线与轴线重合

图 2-147 中墙体厚 200，墙体中心线与轴线重合。

在"修改多线样式"窗口中，设置两个偏移元素为 0.5、-0.5，见图 2-146。

图 2-148　"修改多线样式"窗口设置偏移元素

输入快捷键"ML",用多线命令绘制厚200的墙体,将"对正类型"设为"无"。设置如下:

```
MLINE
指定起点或[对正(J)/比例(S)/样式(ST)]: j
输入对正类型[上(T)/无(Z)/下(B)]<上>: z
指定起点或[对正(J)/比例(S)/样式(ST)]: s
输入多线比例<20.00>: 200
```

墙体绘制结果见图2-149。

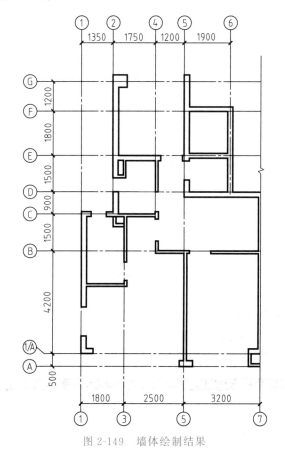

二维码2.11

图 2-149 墙体绘制结果

2.4.5 填充钢筋混凝土墙

以轴线Ⓕ~Ⓖ与⑤~⑥之间的局部为例,按照图2-133中位置确定钢筋混凝土墙位置,见图2-150。

在钢筋混凝土墙位置填充实心图案,见图2-151。

2.4.6 绘制窗

修改多线样式,元素偏移分别设为0.5、0.17、-0.17、-0.5(图2-152),将厚度为1的墙大约三等分,作为绘制窗的四条线位置。

在多线命令中将多线比例设为外墙厚度200,捕捉墙体厚度中点作为参考点绘制窗线,见图2-153。

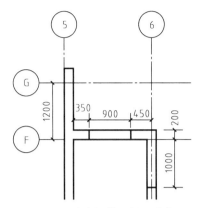

图 2-150　确定钢筋混凝土墙位置

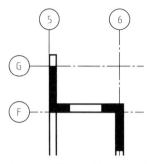

图 2-151　填充钢筋混凝土墙

二维码 2.12

图 2-152　"修改多线样式"对话框

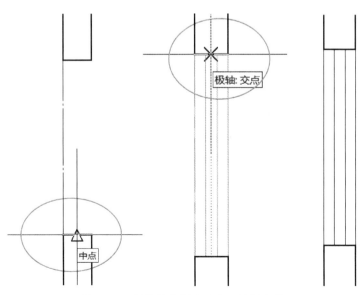

图 2-153　捕捉墙体厚度中点，绘制窗线

2.4.7 绘制门

绘制图 2-133 中宽度为 900 的门，见图 2-154。

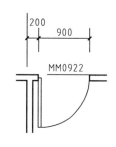

图 2-154　宽度为 900 的门

二维码 2.13

绘制门扇线，见图 2-155。

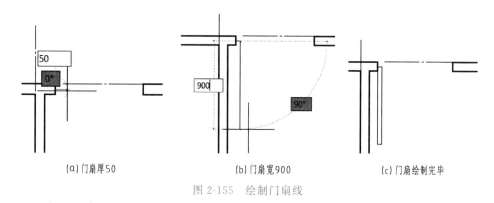

(a)门扇厚50　　　　　　(b)门扇宽900　　　　　　(c)门扇绘制完毕

图 2-155　绘制门扇线

用 90°圆弧绘制门扇开启线，见图 2-156。

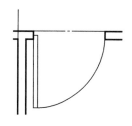

图 2-156　绘制门扇开启线

2.4.8 绘制其余标注

（1）绘制细部尺寸标注

① 平面图外部门窗细部尺寸，见图 2-157。

② 平面图内部门窗细部尺寸，见图 2-157。

（2）绘制文字

根据 1∶100 的出图比例，房间名称使用 500 字高，图名使用 700 字高，比例使用 500 字高。

二维码 2.14

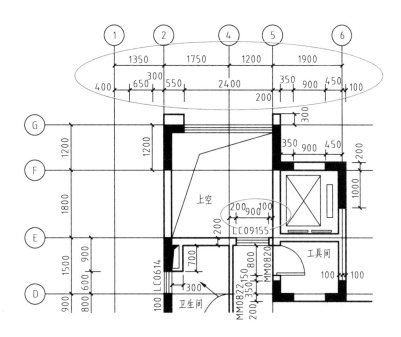

图 2-157 绘制细部尺寸标注

最后完成户型平面图的抄绘。

2.5 出图打印

使用快捷键 Ctrl＋P 打印即可。详细打印设置见 2.1.4 内容。

3 考试模拟题

3.1 识图卷模拟题（满分 60 分）

识图须知：

    1. 请依据考试平台提供的电子图纸作答，图纸目录中注明的部分图纸未提供。

    2. 识图卷分单选题和多选题。

    下面两套识图卷模拟题的依据是《1#职员宿舍楼图纸》，图纸见书后附图2。

Ⅰ. 识图卷模拟题第一套（满分 60 分）

一、单项选择题

识读提供的施工图，登录答题系统，完成单项选择题（1~45 题，共 45 题，每题 1 分）。

1. 本工程的建筑朝向为（　　）。

A. 东向   B. 西向   C. 南向   D. 北向

2. 关于乙 FM1521 说法错误的是（　　）。

A. 乙级防火门   B. 卷帘门   C. 门高 2100mm   D. 门宽为 1500mm

3. 在六层平面图中，共有（　　）个宽度为 1.5m 的塑钢内外开窗。

A. 3   B. 15   C. 41   D. 44

4. 在二层平面图中，共有（　　）种不同类型的门。

A. 2   B. 4   C. 5   D. 9

5. 本工程Ⓜ~Ⓐ轴立面图为（　　）。

A. 东立面图   B. 西立面图   C. 南立面图   D. 北立面图

6. 本工程抗震设防烈度为（　　）。

A. 5 度   B. 6 度   C. 7 度   D. 8 度

7. 本工程宿舍踢脚做法是（　　）。

A. 水泥砂浆踢脚   B. 花岗岩踢脚   C. 面砖踢脚   D. 无法确定

8. 定位轴线的圆圈为直径（　　）的圆圈。

A. 6~8mm   B. 8~10mm   C. 10~12mm   D. 12~14mm

9. 本建筑的建筑结构形式是（　　）。

A. 砖混结构　　　　B. 框架结构　　　　C. 剪力墙结构　　　D. 框架-剪力墙结构

10. 本工程的屋面防水等级为（　　　　）。

A. Ⅰ　　　　　　　B. Ⅱ　　　　　　　C. Ⅲ　　　　　　　D. Ⅳ

11. 外窗防护栏杆水平防护荷载等级应（　　　　）。

A. $\geqslant 1.3$kN/m^2　B. $\geqslant 1.2$kN/m^2　C. $\geqslant 1.1$kN/m^2　D. $\geqslant 1.0$kN/m^2

12. 本工程卫生间找坡坡度为（　　　　）。

A. 1%　　　　　　　B. 2%　　　　　　　C. 0.5%　　　　　　D. 未说明

13. 本工程每层划分为（　　　　）个防火分区。

A. 1　　　　　　　　B. 2　　　　　　　　C. 3　　　　　　　　D. 4

14. 本工程一层层高是（　　　　）m。

A. 2.8　　　　　　　B. 3.0　　　　　　　C. 3.5　　　　　　　D. 3.7

15. 本工程中楼梯间属于（　　　　）。

A. 开敞式楼梯间　　B. 封闭楼梯间　　　C. 防烟楼梯间　　　D. 半封闭式楼梯间

16. 本工程的一层入户门为（　　　　）。

A. M1221，木夹板门　　　　　　　　　B. 乙 FM1521，乙级防火门

C. M3624，钢化玻璃无框地弹簧门　　　D. M0921，木夹板门

17. 本工程散水在（　　　　）中表示。

A. 一层平面图　　　　　　　　　　　　B. 二～五层平面图

C. 六层平面图　　　　　　　　　　　　D. 屋顶平面图

18. 本工程一共有（　　　　）种类型的门。

A. 2　　　　　　　　B. 6　　　　　　　　C. 10　　　　　　　D. 11

19. 本工程的地面面层材料的做法为（　　　　）。

A. 黄岗岩贴面　　　B. 面砖贴面　　　　C. 细石混凝土　　　D. 未标明

20. 本工程不上人屋面女儿墙高度为（　　　　）mm。

A. 1200　　　　　　B. 900　　　　　　　C. 600　　　　　　　D. 500

21. 本工程屋面排水坡度为（　　　　）。

A. 1%　　　　　　　B. 1.5%　　　　　　C. 2%　　　　　　　D. 2.5%

22. 本工程外墙勒脚的饰面材料为（　　　　）。

A. 面砖　　　　　　B. 石材　　　　　　C. 涂料　　　　　　D. 未注明

23. 本工程屋面构造做法中采用（　　　　）防水。

A. 卷材　　　　　　　　　　　　　　　B. 防水砂浆

C. 细石防水混凝土　　　　　　　　　　D. 防水涂料

24. 建筑平面图不包括（　　　　）。

A. 基础平面图　　　B. 首层平面图　　　C. 标准层平面图　　D. 屋顶平面图

25. 本工程 C1515 为（　　　　）。

A. 推拉窗　　　　　B. 上悬窗　　　　　C. 塑钢内平开窗　　D. 塑钢内外开窗

26. 本工程楼梯第一跑梯段有（　　　　）步。

A. 13　　　　　　　B. 12　　　　　　　C. 11　　　　　　　D. 9

27. 本工程楼梯梯段的宽度为（　　　　）。

A. 3300　　　　　　B. 1480　　　　　　C. 100　　　　　　　D. 152.2

28. 本工程三层窗台标高为（　　）m。

A. 6.500　　　　　　B. 7.030　　　　　　C. 8.000　　　　　　D. 10.500

29. 窗台高度低于（　　）mm时，均加设至相应高度的护栏，作为相应安全措施。

A. 1200　　　　　　B. 1100　　　　　　C. 1000　　　　　　D. 900

30. 若二层平面图中，室内楼面标高3.500m，此标高为（　　）。

A. 梁面标高　　　　　　　　　　　　B. 现浇板面标高

C. 现浇板底完成面标高　　　　　　　D. 建筑完成面标高

31. 平面图中图线应采用粗实线绘制的是（　　）。

A. 楼梯的可见轮廓线　　　　　　　　B. 门窗的可见轮廓线

C. 被剖切到的墙体的轮廓线　　　　　D. 标高符号

32. 立面轮廓线一般用（　　）表示。

A. 细实线　　　　　　B. 粗实线　　　　　　C. 单点画线　　　　　　D. 双点画线

33. 本工程Ⓐ～Ⓜ轴立面图中共有（　　）种外墙饰面做法。

A. 5　　　　　　　　B. 4　　　　　　　　C. 3　　　　　　　　D. 2

34. 2—2剖面图的剖切位置在（　　）轴线之间。

A. ⑦～⑧　　　　　　B. ⑧～⑨　　　　　　C. ⑨～⑩　　　　　　D. ⑩～⑪

35. 楼梯详图不包括（　　）。

A. 楼梯平面图　　　　　　　　　　　B. 楼梯剖面图

C. 楼梯立面图　　　　　　　　　　　D. 楼梯节点详图

36. 已知某构件的正立面图与平面图，请选择侧立面图正确的一项（　　）。

构件正立面图

构件侧立面图
A.

构件侧立面图
B.

构件平面图

构件侧立面图
C.

构件侧立面图
D.

37. 房屋在图上打印的长度为20cm，图纸采用1∶100比例，其实际长度是（　　）。

A. 2m　　　　　　　B. 20m　　　　　　C. 200m　　　　　　D. 2000m

38. 本工程六层宿舍楼面建筑标高为（　　）。

A. 14.000　　　　　B. 17.500　　　　　C. 18.700　　　　　D. 无法确定

39. 本工程室外地面标高为（　　）。

A. ±0.000   B. −0.300   C. −0.450   D. −0.600

40. 施工总平面图常用的比例为（   ）。

A. 1∶100   B. 1∶200   C. 1∶500   D. 1∶50

41. 索引符号的上半圆中标注的数字表示（   ）。

A. 详图所在图纸编号   B. 被索引的详图所在图纸编号

C. 详图编号   D. 详图顺序号

42. 本工程除水箱外所有内墙面做法为（   ）。

A. 水泥砂浆墙面   B. 混合砂浆墙面   C. 乳胶漆墙面   D. 以上都不是

43. 本工程的住宅属于（   ）。

A. 低层   B. 多层   C. 小高层   D. 高层

44. 立面图中的标高为（   ）。

A. 绝对标高   B. 相对标高

C. 绝对标高和相对标高   D. 要看图纸上的说明

45. 三～五层共有 C1515（   ）樘。

A. 114   B. 16   C. 8   D. 2

二、多项选择题

识读提供的施工图，登录答题系统，完成多项选择题（46～50 题，共 5 题，每题 3 分，共 15 分，多选、错选不给分，漏选得 1 分）。

46. 组合体的组合方式有（   ）。

A. 叠加型   B. 相贯型   C. 相切型   D. 切割型   E. 综合型

47. 本工程墙的厚度有（   ）mm。

A. 120   B. 180   C. 240   D. 300   E. 370

48. 下列说法不正确的是（   ）。

A. 每层平面图中应标明绝对标高   B. 剖切符号应绘制在每层平面图

C. 构造详图比例一般为 1∶100   D. 首层平面图应绘制指北针

E. 总平面图的比例一般为 1∶500

49. 关于㉒⒝描述正确的是（   ）。

A. B 号轴线之前附加的第二根轴线

B. B 号轴线之后附加的第二根轴线

C. 详图所在图纸编号为 B，详图编号是 2

D. 详图所在图纸编号为 2，详图编号是 B

E. 是一细实线绘制的直径为 8mm 圆

50. 下面关于本工程防火分区说法正确的是（   ）。

A. 每层划分为一个防火分区   B. 楼梯间墙要求耐火极限 3 小时

C. 每个防火分区人员疏散口为两个   D. 防火墙要求耐火极限 2 小时

E. 防火墙和公共走廊上疏散用的平开防火门可以不设闭门器

Ⅱ. 识图卷模拟题第二套（满分 60 分）

一、单项选择题

识读提供的施工图，登录答题系统，完成单项选择题（1～45 题，共 45 题，每题 1 分）。

1. 本工程三层平面图中③轴线处墙体的厚度为（　　）mm。

A. 120　　　　　　B. 200　　　　　　C. 240　　　　　　D. 250

2. 本工程承重墙的主要墙体材料为（　　）。

A. 蒸压砂加气混凝土砌块　　　　　B. 页岩多孔砖

C. 黏土砖　　　　　　　　　　　　D. 混凝土实心砖

3. 本工程楼梯二层平面图中的楼梯井宽度是（　　）mm。

A. 270　　　　　　B. 160　　　　　　C. 120　　　　　　D. 100

4. 本工程二层平面图中 C1515 的窗台面距地面（　　）mm。

A. 300　　　　　　B. 750　　　　　　C. 900　　　　　　D. 1000

5. 屋顶雨水管直径为（　　）mm。

A. 75　　　　　　　B. 85　　　　　　C. 110　　　　　　D. 120

6. 本工程已注明编号的门类型有（　　）种。

A. 2　　　　　　　B. 4　　　　　　　C. 5　　　　　　　D. 6

7. 本工程楼梯间剖面图出图比例为（　　）。

A. 1：150　　　　B. 1：100　　　　C. 1：50　　　　　D. 1：25

8. 本工程非承重墙的墙厚为（　　）mm。

A. 120　　　　　　B. 200　　　　　　C. 240　　　　　　D. 120、240

9. 本工程楼梯二层踏步的高度为（　　）mm。

A. 155.6　　　　　B. 152.2　　　　　C. 152.0　　　　　D. 151.0

10. 本工程楼梯踏步的宽度为（　　）mm。

A. 260　　　　　　B. 270　　　　　　C. 280　　　　　　D. 290

11. 本工程水箱间屋顶排水坡度为（　　）。

A. 1%　　　　　　B. 1.5%　　　　　C. 2%　　　　　　D. 2.5%

12. 本工程预留洞口待管道设备安装完毕后用（　　）材料封堵。

A. 水泥砂浆　　　B. 细石混凝土　　C. 密封膏　　　　D. 防火岩棉

13. 本工程卫生间地面向地漏找坡为（　　）。

A. 0.5%　　　　　B. 1%　　　　　　C. 1.5%　　　　　D. 2%

14. 本工程主要屋面采用（　　）屋顶。

A. 单坡　　　　　B. 双坡　　　　　C. 四坡　　　　　D. 折腰

15. 本工程建施 08 中的"宿舍详图"详图索引在（　　）。

A. 建施 01　　　　B. 建施 02　　　　C. 建施 03　　　　D. 建施 04

16. A1 图纸幅面尺寸为（　　）mm。

A. 841×1189　　B. 594×841　　　C. 420×594　　　D. 297×420

17. 混凝土的建筑图例是（　　）。

A. 　　　　　　　　　　B.

C. 　　　　　　　　　　D.

18. 通常断面图的剖切位置线绘制成粗实线，长度宜为（　　）mm。

A. 2～4　　　　　B. 4～6　　　　　C. 6～10　　　　D. 10～12

19. 通常断面图的剖切方向线绘制成粗实线，长度宜为（　　）mm。

A. 2～4　　　　　B. 4～6　　　　　C. 6～10　　　　D. 10～12

20. 中粗实线的一般用途是（　　）。

A. 主要可见轮廓线　　　　　　　　B. 可见轮廓线

C. 不可见轮廓线　　　　　　　　　D. 图例填充线

21. 关于比例描述不正确的一项是（　　）。

A. 比例的大小是指比值的大小

B. 建筑工程多用放大的比例

C. 1∶10 表示图纸所画物体是实体的 1/10

D. 比例应用阿拉伯数字表示

22. 数字及字母的斜体书写应向右倾斜，与水平基准线成（　　）。

A. 30°　　　　　B. 45°　　　　　C. 60°　　　　　D. 75°

23. 定位轴线应用（　　）绘制。

A. 单点长画线　　B. 中点长画线　　C. 中粗点画线　　D. 粗点画线

24. 按照形体的表面几何性质，几何形体可以分为曲面立体和（　　）。

A. 棱柱体　　　　B. 棱锥体　　　　C. 棱台体　　　　D. 平面立体

25. 正等轴测的轴间角是（　　）度。

A. 120　　　　　B. 135　　　　　C. 150　　　　　D. 90

26. 垂直于 V 面的线称为（　　）线。

A. 正垂　　　　　B. 铅垂　　　　　C. 侧垂　　　　　D. 正平

27. 物体在水平投影面上反映的方向是（　　）。

A. 上下、左右　　B. 前后、左右　　C. 上下、前后　　D. 以上均不正确

28. 空间中有一点 B，在 W 面的投影表示为（　　）。

A. B　　　　　　B. b　　　　　　C. b′　　　　　　D. b″

29. 已知某构件的左侧立面图与平面图，请选择正立面图正确的一项（　　）。

构件左侧立面图　　　　　构件正立面图　　　　　　构件正立面图
　　　　　　　　　　　　　　　A.　　　　　　　　　　　　　B.

构件平面图　　　　　　　构件正立面图　　　　　　构件正立面图
　　　　　　　　　　　　　　　C.　　　　　　　　　　　　　D.

30. 若点 A 与点 B 是重影点，点 A 在点 B 正下方，则水平投影图如何表示？（　　）

A. $a(b)$　　　　　B. $(a)b$　　　　　C. $b(a)$　　　　　D. $(b)a$

31. 直线在所垂直的投影面上的投影图反映投影的什么特性？（　　　）

A. 平行性　　　　B. 定比性　　　　C. 积聚性　　　　　D. 类似性

32. 楼梯间休息平台宽度为（　　　）mm。

A. 1000　　　　B. 1500　　　　　C. 1620　　　　　D. 1650

33. 正投影面的表示符号是（　　　）。

A. W　　　　　B. H　　　　　C. V　　　　　D. Z

34. 卫生间四周墙体除门口外，由楼板向上做（　　　）mm 高的混凝土翻边。

A. 100　　　　B. 150　　　　　C. 200　　　　　D. 250

35. 本工程项目等级为（　　　）。

A. 一级　　　　B. 二级　　　　　C. 三级　　　　　D. 四级

36. 本工程 1# 职员宿舍楼总建筑面积为（　　　）m^2。

A. 7003.56　　　B. 3511.22　　　C. 3650.04　　　D. 3702.98

37. 卫生间花洒所在及临近的墙面防水层高度不小于（　　　）mm。

A. 1200　　　　B. 1500　　　　　C. 1800　　　　　D. 2000

38. 不算底层台阶，楼梯间第一个梯段的梯段长为（　　　）mm。

A. 3640　　　　B. 2240　　　　　C. 3080　　　　　D. 1500

39. 楼梯间一楼的第一个梯段和第二个梯段上的踏步数分别为（　　　）个。

A. 14，9　　　　B. 9，9　　　　　C. 12，11　　　　D. 13，8

40. 楼梯间一层出入口处平台下净高为（　　　）mm。

A. 2100　　　　B. 2260　　　　　C. 2740　　　　　D. 2130

41. 楼梯间一层出入口处门高（　　　）mm。

A. 2000　　　　B. 2100　　　　　C. 2150　　　　　D. 2200

42. 楼梯间顶层水平扶手高（　　　）mm。

A. 900　　　　B. 1000　　　　　C. 1050　　　　　D. 未标明

43. 女儿墙高度为（　　　）mm。

A. 150　　　　B. 3500　　　　　C. 3000　　　　　D. 900

44. 楼梯间剖面图中的符号⊖表示该详图位于（　　　）上表示。

A. 本页图纸　　B. 建施 01　　　C. 通用图纸　　　D. 建筑说明

45. 楼梯间梯段宽（　　　）mm。

A. 100　　　　B. 1480　　　　　C. 1600　　　　　D. 3300

二、多项选择题

识读提供的施工图，登录答题系统，完成多项选择题（46～50 题，共 5 题，每题 3 分，共 15 分，多选、错选不给分，漏选得 1 分）。

46. 关于本工程消防设计，说法错误的是（　　　）。

A. 本工程以市政给水作为消防水源

B. 室内消防栓系统采用临时高压制系统

C. 本工程的消防用水量仅由消防水池提供

D. 灭火器的配制按照高危险级

E. 灭火器保护距离为 15 米

47. 下面关于索引符号与详图符号说法正确的是（　　　）。

A. 索引出的详图，如与被索引详图同在一张图纸内，应在索引符号的下半圆中间画一条水平细实线

B. 详图与被索引的图样同在一张图纸内时，应在详图符号内用阿拉伯数字注明详图编号

C. 索引出的详图，如与被索引的详图不在同一张图纸内，应在索引符号的下半圆中间画一条水平细实线

D. 索引出的详图，如采用标准图，应在索引符号水平直径的延长线上加注该标准图册的编号

E. 详图与被索引的图样不在同一张图纸内时，应用细实线在详图符号内画一条水平直径，在上半圆中注明详图编号

48. 下列图线中可以用粗实线表示的是（　　　）。

A. 建筑构配件不可见轮廓线

B. 建筑立面图或室内立面图的外轮廓线

C. 结构图中的钢筋线

D. 平、立、剖面图的剖切符号

E. 建筑物轴线

49. 工程制图引出线宜采用水平方向的直线，或与水平方向成（　　　）的直线，并经上述角度再折成水平线。

A. 30°　　　　　　B. 45°　　　　　　C. 60°　　　　　　D. 90°　　　　　　E. 120°

50. 下列常用建筑材料图例正确的是（　　　）。

A. 自然土壤　　　　　　　　　　B. 石材

C. 混凝土　　　　　　　　　　　D. 钢筋混凝土

E. 纤维材料

3.2 绘图卷模拟题（满分40分）

绘图须知：

1. 请依据考试平台提供的图纸作答，图纸目录中注明的部分图纸未提供。

2. 请在考试平台提供的样板文件基础上进行绘图，样板文件可在考试平台—绘图部分中下载并打开。

3. 绘图过程中应随时进行手动保存文件，避免由于电脑死机、断电导致文件丢失，由于未保存导致所有文件丢失的，责任由个人承担。

4. 提交要求：

将绘制完成的dwg、pdf文件，对应任务序号上传至考试平台中（如下图），所有绘图文件均在此考试平台进行上传，不使用任何U盘等存储类工具收取。

重要说明：

成果上传截止时间为考试截止时间，例如8:30—12:00为本次考试时间，12:00后无法再进行上传，请特别注意在考试结束前进行所有上传操作，考试结束后将立刻关闭上传功能，由于个人原因造成的考试成果无法收取，由个人承担。

任务一 绘图环境及打印设置（7分）

1. 设备绘图空间图形界限

按照图形大小设置绘图空间图形界限为594mm×420mm（按照绘图比例进行缩放）。

2. 设置绘图环境参数

（1）设置图形单位中长度、角度、精度的保留小数点位数（精度设置为0.00）。

（2）根据绘图习惯，调整绘图选项板中十字光标大小、自动捕捉标记大小、靶框大小、拾取框大小和夹点大小。

（3）自定义草图设置。

3. 设置图层、文字样式、标注样式

（1）图层设置至少包括：轴线、墙体、门窗、楼梯踏步、散水坡道、标注、文字、填充等。图层颜色自定，图层线型和线宽应符合建筑制图国家标准要求。

（2）设置两个文字样式，分别用于"汉字"和"数字和字母"的注释，所有字体均为直体字，宽度因子为0.7。

① 用于"汉字"的文字样式。

文字样式命名为"HZ"，字体名选择"仿宋"，语言为"CHINESE_GB2312"。

② 用于"数字和字母"的文字样式。

文字样式命名为"XT"，字体名选择"simplex.shx"，大字体选择"HZTXT"。

（3）设置尺寸标注样式。尺寸标注样式名为"BZ"，其中文字样式用"XT"，其他参数请根据国家标准的相关要求进行设置。

4. 模型空间、布局空间设置参数

（1）在模型空间和布局空间分别按 1：1 比例放置符合国家标准的 A2 横向图框，并按照出图比例进行缩放。设置布局名称为"PDF-A2"。

（2）按照出图比例设置视口大小，并锁定浮动视口比例及大小尺寸。

5. 打印设置

配置打印机/绘图仪名称为 DWG TO PDF.pc5；纸张幅画为 A2、横向；可打印区域页边距设置为 0，采用单色打印，打印比例为 1：1，图形绘制完成后按照出图比例进行布局出图。

6. 文件保存要求

将文件命名为"任务一"保存至电脑，并将此文件通过考试平台中的"绘图任务文件上传"功能，点击"任务一"对应的"选择文件"按钮进行选择上传，确认无误后点击"确定上传"完成本题所有操作。

任务二　三面投影图绘制（5分）

1. 调用样板文件

考试平台中下载"任务二.dwg"并打开，在此文件中进行绘制。

2. 绘图要求

（1）抄绘如图 3-1 所给图样的主视图和左视图。

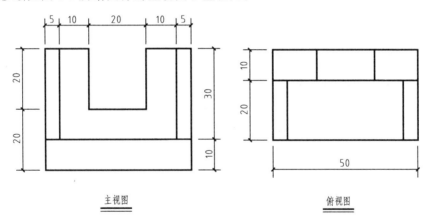

图 3-1　主视图和左视图

（2）补充绘制图样的俯视图（含虚线）。

（3）无需标注尺寸。

（4）提供的示例图仅供参考。

3. 文件保存要求

将文件命名为"任务二"保存至电脑，并将此文件通过考试平台中的"绘图任务文件上传"功能，点击"任务二"对应的"选择文件"按钮进行选择上传，确认无误后点击"确定上传"完成本题所有操作。

任务三　轴测图绘制（5分）

1. 调用样板文件

考试平台中下载"任务三.dwg"并打开，在此文件中进行绘制。

2. 绘图要求

（1）根据图3-2给定组合体的三面投影图完成组合体正等轴测图的绘制。

（2）无需标注尺寸。

（3）提供的示例图仅供参考。

3. 文件保存要求

将文件命名为"任务三"保存至电脑，并将此文件通过考试平台中的"绘图任务文件上传"功能，点击"任务三"对应的"选择文件"按钮进行选择上传，确认无误后点击"确定上传"完成本题所有操作。

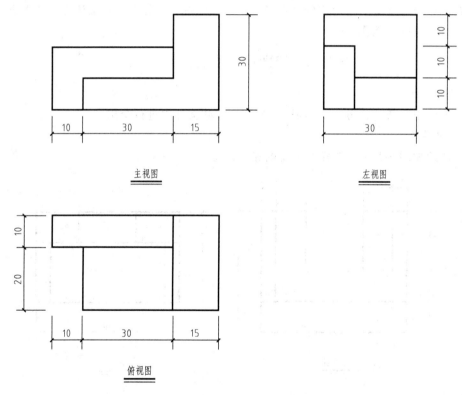

图3-2　组合体的三面投影图

任务四　施工图绘制（20分）

1. 新建图形文件

自行创建dwg图形文件并打开，在新建的图形文件中进行绘制。

2. 绘图要求

（1）抄绘图3-3 A户型平面图中的所有内容。

（2）图中未明确标注的尺寸根据住宅建筑构造常见形式自行决定。

（3）绘图比例 1:1，出图比例 1:100。

3. 文件保存要求

将文件命名为"任务四"保存至电脑，并将此文件通过考试平台中的"绘图任务文件上传"功能，点击"任务四"对应的"选择文件"按钮进行选择上传，确认无误后点击"确定上传"完成本题所有操作。

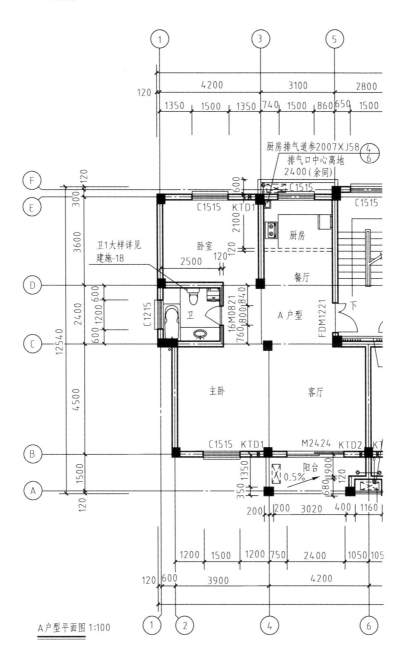

图 3-3 A 户型平面图

任务五　出图打印（3分）

1. 虚拟打印

将任务四绘制完成的"A户型平面图"布置在 A2 图框布局中，布局协调与任务一要求保持一致，将"A户型平面图"打印输出为 PDF 格式。

2. 文件保存要求

将 PDF 文件命名为"任务五"保存至电脑，并将此文件通过考试平台中的"绘图任务文件上传"功能，点击"任务五"对应的"选择文件"按钮进行选择上传，确认无误后点击"确定上传"完成本题所有操作。

参 考 文 献

［1］ 任鲁宁. 建筑制图与 CAD. 北京：中国建筑工业出版社，2019.

［2］ 黄晓丽. 建筑 CAD 实例教程（中望 CAD）. 北京：中国建材工业出版社，2021.

［3］ 孙琪. 中望 CAD 实用教程. 北京：机械工业出版社，2017.

［4］ 吴慕辉. 建筑制图与 CAD. 北京：化学工业出版社，2020.